ホモ・サピエンスが
日本人になるまでの5つの選択

島崎　晋

青春新書
PLAYBOOKS

はじめに

人類の進化の道筋を辿ると、何かしら目に見えない存在の導きがあったのではと信じたくなることがままある。偶然の「選択」の結果が、現生人類であるホモ・サピエンスの誕生と〝世界制覇〟につながったからだ。

人類を他の類人猿と分けたのは、森林から出るという選択がきっかけだった。人類誕生の地であるアフリカ大陸の外に出るというのも重大な選択で、環境に身体を適応させるのをほどほどにして、火や道具の使用という工夫に走ったのも重大な選択だった。栄養価の低い粗食より栄養価の高い美食に走ったことについても同じことが言える。

アフリカを出た後、どちらの方向に進むかも大きな選択で、そこから日本人の形成に至る道筋も選択や偶然と無縁ではなかった。人類が世界五大陸に拡散したのは必然ではなく、あくまで結果だった。居心地がよければさらなる移住をする必要もなかったはずで、人口の過剰や自然災害による食料不足が拡散を促したと考えられる。

ユーラシア大陸全域にホモ・サピエンスがあまねく拡散したのち、海を渡る選択をする者がいなければ、日本人の形成はもっと遅れていたに違いない。海を渡るというのは危険が大きく、女子供を伴っての渡海となれば、相当の覚悟も必要だったはずである。

縄文人と弥生人は共通の祖先をもち、西アジアからインド亜大陸を経て、現在のミャンマー・タイあたりまでは行動をともにし、それから先の道筋の選択が両者を分けることとなった。当時は陸続きだったマレー半島からインドネシアへと拡散した集団が縄文人の祖、北上してバイカル湖周辺にいったん定住した集団が弥生人の祖となった。

つまり、縄文人は南方系の人びとであるわけで、赤道に近く、食料豊富な地を捨て、危険な海の旅に挑み、日本列島に辿り着いた人びとが縄文人になったのである。彼らにその選択をさせたものは何なのか。大いなる謎である。

いっぽう、バイカル湖周辺に定住した人びともいつの頃からか南下を始め、その中の一部が複数の経路を通り、日本列島に到達した。そして縄文人と交配しながら、それをのみ込むようなかたちで、北海道を除く日本列島全域に拡散。日本人の形成となるのである。バイカル湖周辺から日本列島に上陸するまでも選択の連続だったに違いなく、何らかの見えざる手の存在を想像したくもなろうというものだ。

日本人の形成は、主観的に見れば選択の結果、客観的に見れば偶然の産物である。どちらを取るかは読者の自由。想像を逞しくしながら、本書を楽しんでもらいたい。

島崎　晋

ホモ・サピエンスが日本人になるまでの5つの選択

もくじ

序章　人類700万年の歩み

人類進化は選択の連続だった　14
700万年前に誕生した人類がホモ・サピエンスだけになるまで　16
アフリカで誕生したホモ・サピエンスの世界進出を追う　19
人類誕生から日本人になるまでの700万年史　23

1章　ホモ・サピエンスの登場

第一の選択
氷河期の時代に、アフリカから「今、出る」か「まだ残る」か

人類はどこで生まれ、どんな種族がいたのか　30
人類とチンパンジーを分けた選択　35

森林から離れることを選んだ人類 39
森林を離れたことで得た「直立二足歩行」 42
「粗食」「肉食」のどちらを選択した種が生き延びたか 46
人類進化のミッシング・リンクを解き明かす鍵 50
人類が初めてアフリカを出たのは「いつ」「どの種」か 53
出アフリカは「嘆きの門」「シナイ半島」のどちらのルートを選んだか 57
移動方向と経路をどうやって選んだのか 61

2章 ネアンデルタール人とホモ・サピエンス

第二の選択
生き残るのは「大きな脳」か「コンパクトな脳」か

「脳の発達」と「世界進出」を遂げた原人はなぜ滅んだか 66

10万年前には6種もの人類がいた 72
ネアンデルタール人は言葉を話せる条件が備わっていた 75
ネアンデルタール人の血はわれわれにも残っていた 79
人類は150万年前から「火の使用」を選んだ 82
「石器の発明」が人類を食物連鎖の頂点に近づけた 85
栄養バランスに優れていた狩猟採集生活 89
コンパクトな脳と身体を選んだ種が生き残った 92

3章 ホモ・サピエンスのグレートジャーニー

第三の選択

「大陸に残る」か「海を渡る」か

環境に身体を変化させるか、環境をやわらげる知恵を使うか 96
環境がつくった「人種の違い」 99

アフリカに留まっていた人種が進化した 102
「移動」と「定住」の2つの選択が常にあった 106
なぜ「大陸に残る」のではなく「海を渡る」を選んだか 109
アジア大陸から日本列島に海を渡った人びととは 112
旧石器時代の日本列島にはどんな生き物がいたか 114

4章 日本列島で初の文化を築いた縄文人

第四の選択
インドシナから先は「南」か「北」か

「南」に行くとアボリジニ、「北」へ海を渡ると縄文人になった 118
縄文時代は、なぜ「縄文」というか 124
縄文人は何を食べていたのか 129
日本最古の人類「港川人」の正体 133

ストーンサークルは日本にもあった 136
三内丸山遺跡と遮光器土偶から見えてくる縄文文化 140
アイヌ、琉球人は縄文人の末裔か 145

5章 縄文人と弥生人

第五の選択

縄文人は渡来系弥生人と「戦う」か「同化」するか

弥生人は、かつてアジア大陸を「北」に進路を選んだサピエンスだった 150
自然への「調和」から「挑戦」を選んだ弥生時代 155
先住の縄文人と後発の弥生人の違い 161
弥生人に「同化吸収」された縄文人は「戦う」選択肢はなかったか 164
日本列島に移民した「渡来系」とは 167

南方系と北方系の神話が錯綜する日本　171
中国の歴史書から読み解く建国前の日本のすがた　175
原の辻遺跡、吉野ヶ里遺跡から見えてくる弥生時代末期の社会　178
統一君主になった卑弥呼の素顔　182
日本人の特徴を色濃く受け継いでいた「弥生人」の真相　185

写真提供・協力／国立科学博物館
青森市教育委員会
フォトライブラリー　JZまっさりん
PIXTA　Nori
島崎晋

本文デザイン・DTP／センターメディア
カバー・帯イラスト／川崎悟司
本文イラスト／フレッシュ・アップ・スタジオ
編集協力／フレッシュ・アップ・スタジオ

序章

人類７００万年の歩み

人類の進化は選択の連続だった

人類の歴史は700万年前に始まる。2019年1月時点にはそれが定説となっている。現時点に限ったのは、発掘調査次第でさらにさかのぼる可能性があるからだ。

人類の誕生から現生人類であるホモ・サピエンスが誕生するまで680万年もの歳月を要した。食べやすい果実が豊富な森林から追い出されたとき、挽回を図るかあきらめるかというのが最初の選択で、それが人類と他の類人猿を分ける分岐点となった。

その後の人類、すなわち「初期猿人・猿人・原人・旧人・新人」もまた選択の連続だった。肉食獣に襲われても、木に登れば助かる可能性の高い、まばらに高い木のある疎林にとどまるか、そこすら後にして完全な草原生活に移行するか否かという選択もその一つである。オスが特定のメスのために毎日食料を届けるか否か、肉食を受け入れるかどうか、四足歩行を完全に放棄するかどうかも大きな選択であった。

われわれの祖先は草原生活と肉食、四足歩行から二足歩行への転換を受け入れたがゆえに脳が発達。他の類人猿とは完全に別の道を歩むことになったのだが、それぞれの選択時、

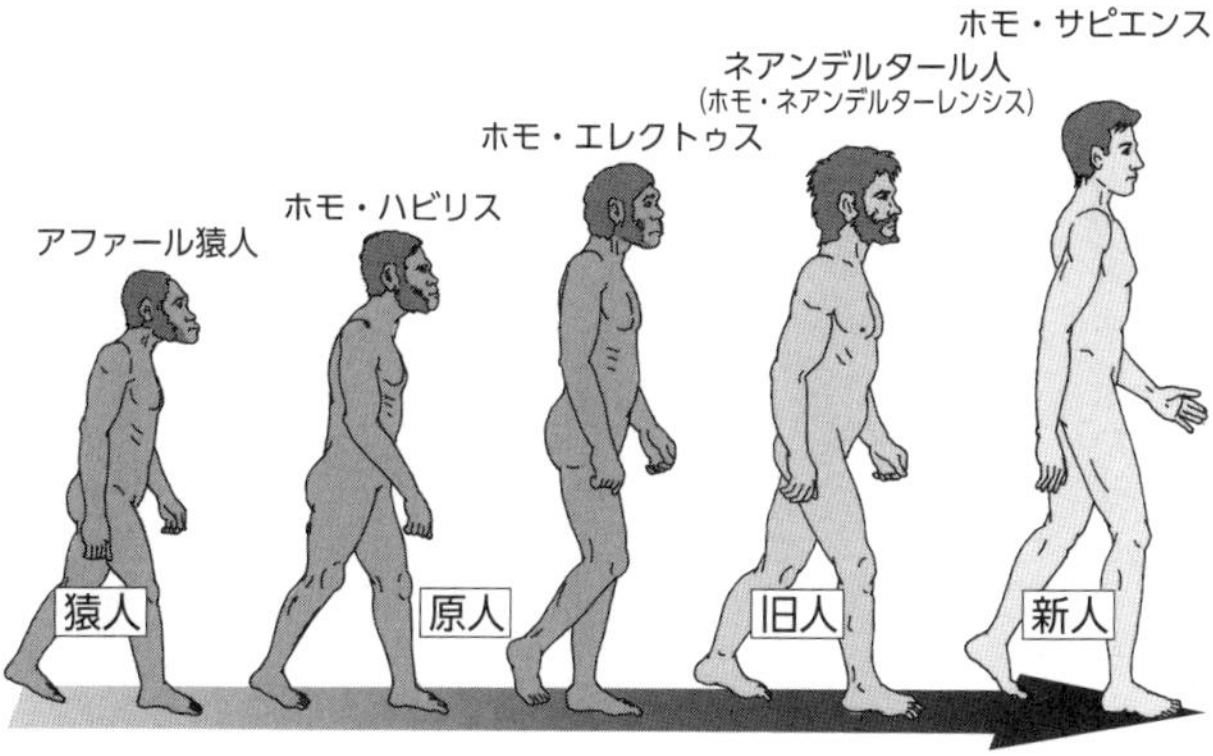

別の選択をしていたらどうなっていたのか。その場合の進化の道筋を想像するのも面白い作業である。

原人段階まで進化したとき、われわれの祖先はまた大きな選択肢の前に立たされる。アフリカの外に出るか、とどまるかという選択である。アフリカから出るのにどの道を行くか、アフリカを出てからどの方向に進むか。それまた重大な選択だった。もちろん、当人たちにそんな自覚はなかったはずだが…。

どの方向を選んだとしても、そこに食料がなければ先に進むしかない。そこでまたどの方角に向かうのかの選択があり、それからも移動の先々で同じ問題に直面したはずである。彼らの脳裏には現在の世界地図もないのだから、とにかく新天地をめざすしかない。元来た道を引き返せば、残留を決めた集団との衝突が避けられなかったからである。

700万年前に誕生した人類がホモ・サピエンスだけになるまで

原人はユーラシア大陸のほぼ全域に拡散した。原人で有名な者としては「北京原人」こと学名ホモ・エレクトゥス・ペキネンシスや「ジャワ原人」こと発見時の通称ピテカントロプス・エレクトゥスが挙げられるが、この2種はどちらも180万年前に誕生した「ホモ・エレクトゥス」という原人から派生した種である。北京原人が現在の漢民族、ジャワ原人がインドネシア人の直接の祖先かと言えばそうではなく、実のところユーラシア大陸に拡散した原人は、19万年前〜16万年前に誕生した新人、すなわち現生人類であるホモ・サピエンスにより圧倒されてしまった。その経過については本文で詳しく説明する。

圧倒されたとはいえ、彼ら先発の原人たちの進化も見落とすわけにはいかない。そこにもまたいくつもの選択があった。石器を使用するか否か、火を使用するか否かといった選択である。石はそれだけでも鈍器になりうるが、打ちかいた打製石器であれば多少なりとも刃物の役割を果たせる。それがあるのとないのでは、動物の死体を解体する手間がかなり違ってくる。肉食獣を倒せないまでも、一矢を報いるくらいはできたかもしれない。

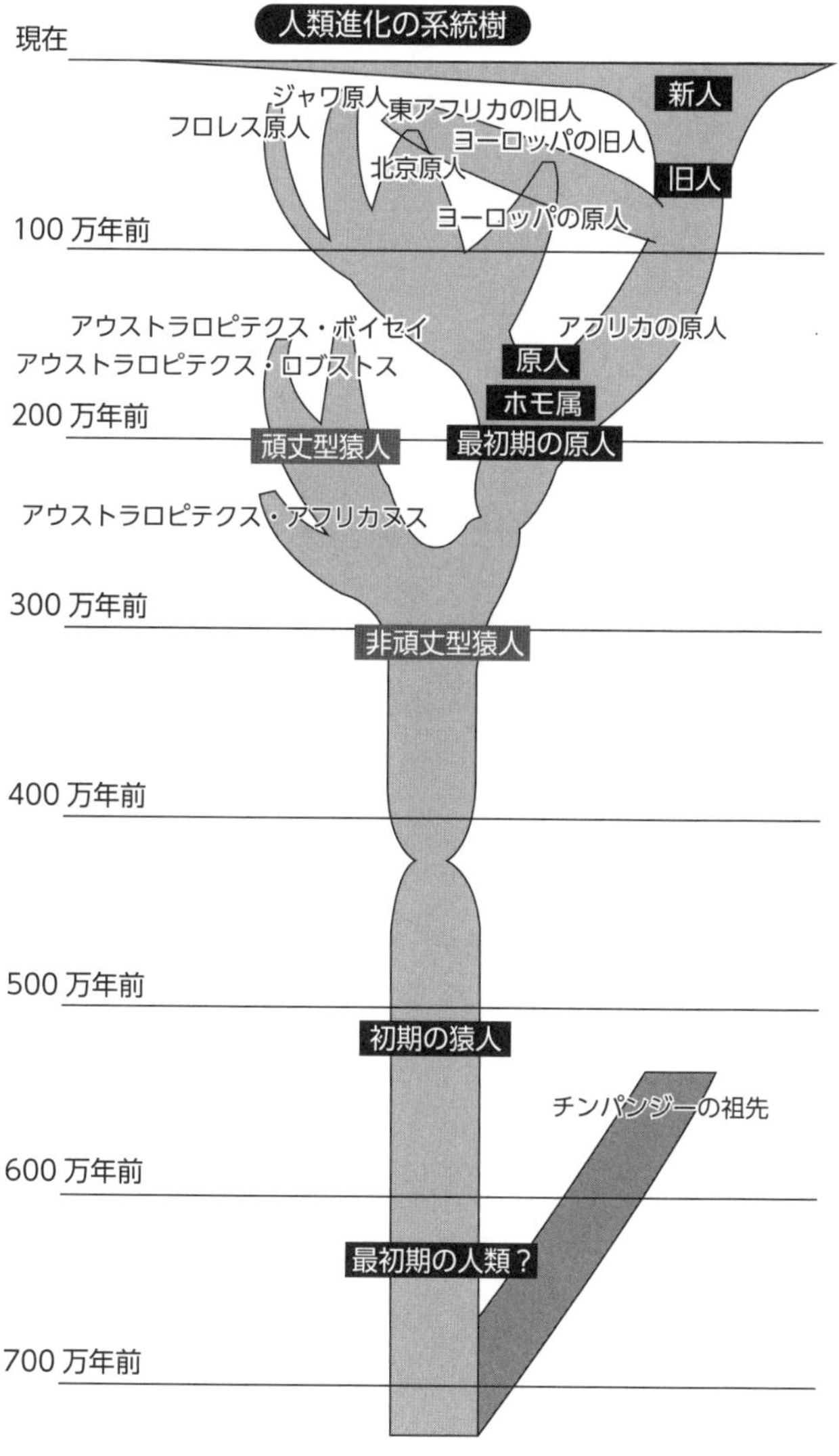
人類進化の系統樹
現在
新人
ジャワ原人
東アフリカの旧人
フロレス原人
ヨーロッパの旧人
北京原人
旧人
100 万年前
ヨーロッパの原人
アウストラロピテクス・ボイセイ
アフリカの原人
アウストラロピテクス・ロブストス
原人
ホモ属
200 万年前
頑丈型猿人
最初期の原人
アウストラロピテクス・アファリカヌス
300 万年前
非頑丈型猿人
400 万年前
500 万年前
初期の猿人
チンパンジーの祖先
600 万年前
最初期の人類？
700 万年前

火の使用についても、それで肉を焼けば腹を壊しにくくなる上に、肉食獣を追い払う武器ともなれば、それで暖を取ることもできる。人類は間違いなく大きな一歩を踏み出した。

原人の次は旧人だが、その代表格はホモ・ネアンデルターレンシスこと「ネアンデルタール人」で、これはホモ・サピエンスと同じくホモ・ハイデルベルゲンシスという原人と旧人の中間種から進化した種だった。脳容量と体格はホモ・サピエンスよりやや大きく、歯が不自由になった仲間の介護をした痕跡も確認され、言葉を話せた可能性さえある。

ネアンデルタール人が誕生したのは10万年前のことで、ホモ・サピエンスのそれより後である。アフリカを出てから西へ向かった集団から進化したらしく、個人の能力ではホモ・サピエンスを凌駕していた。それにも関わらず、ネアンデルタール人はこの世からいなくなってしまった。大虐殺があったのか、それとも自然淘汰の結果なのか…。

人類の進化と生き残りには選択が、それも終わってみなければわからない選択が幾重にも立ちはだかっていたのだった。

10万年前に限ると、地球上には6つの異なる種が存在した。今後、化石の発見や科学の発達でこの数はさらに増えると予想される。しかし、ホモ・サピエンスのみが生き残った。これは人類史最大と言ってもよい謎である。

アフリカで誕生したホモ・サピエンスの世界進出を追う

ホモ・サピエンスが最初にアフリカの外に出たのは8万年前のことだが、これは寒さに阻まれ中東の一部地域にまでしか及ばなかった。移動が再開されたのは4万7000年前のことで、それから世界五大陸にあまねく拡散し、地球上で唯一の人類種になったのは約1万3000年前のことだった。

その間にもいくつもの選択があったはずである。先の原人と同じく、アフリカを出てからどちらへ向かうか、それから先どこへ向かうかという。

これを移動や移住と呼ぶのは適切ではないかもしれない。さらなる移動を好まず、残留した集団もいたはずだから。それならば拡散と呼ぶのが相応しい。

拡散を続けなければならなかった理由としては、食料の不足が考えられる。ただでさえ狩猟採集は自然に大きく左右されるのに、人口が適正な数を超えれば、余計な人数を殺すか外に出すしか生き延びる道はなかった。殺し合いを避けるためには、去る者と残る者に集団を分けなければならない。その際、弱い集団が残るとは限らず、未知なる土地でも生き延びることのできそうな強い集団が進んで去った可能性もあり、これまた永遠に答えの出せない問題と言えよう。

原人の拡散はユーラシア大陸で止まったが、ホモ・サピエンスのそれは現在の大海を越え、アメリカ大陸とオセアニア大陸にも及び、1万3000年前には世界五大陸を制覇した。人類誕生から原人の出アフリカまでに500万年の歳月を要したことと比べると、驚異的な速さである。移動手段は基本的に徒歩であったが、一部では舟を利用したはずである。それも手漕ぎの丸木舟か初歩的な帆掛け舟を。現在と1万3000年前では海面の高さや海峡の幅が異なるとはいえ、すべての大陸が陸橋でつながっていたわけではない。舟を利用しなければならない場所が何か所もあったはずで、彼らがいつどこで舟の製造技術と漕ぎ方を習得したかも大きな謎である。

「出アフリカ」に際して舟を利用した可能性もあるが、それから何万年も海と無縁の拡散を繰り返しながら、舟に関する技術が伝承できたとは思えない。

それとも、知恵を絞り続ければ、丸木舟という形態と手漕ぎという手段しかないとの結論に必ず至るものなのか。このあたりの事情はむしろ心理学の専門家に任せたほうがよいのかもしれない。

人類の世界拡散

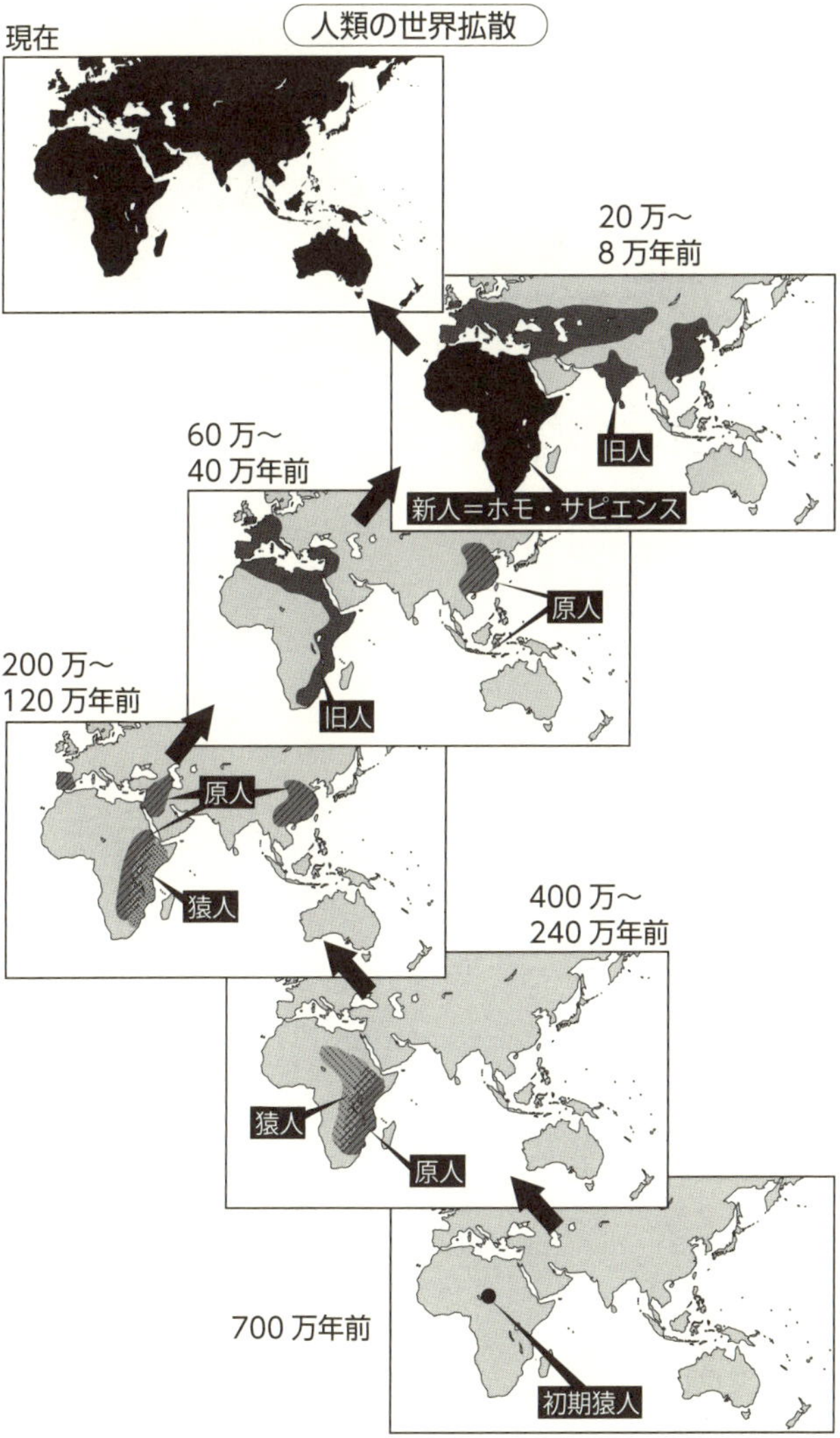
現在
20万～
8万年前
旧人
新人＝ホモ・サピエンス
60万～
40万年前
原人
旧人
200万～
120万年前
原人
猿人
400万～
240万年前
猿人
原人
700万年前
初期猿人

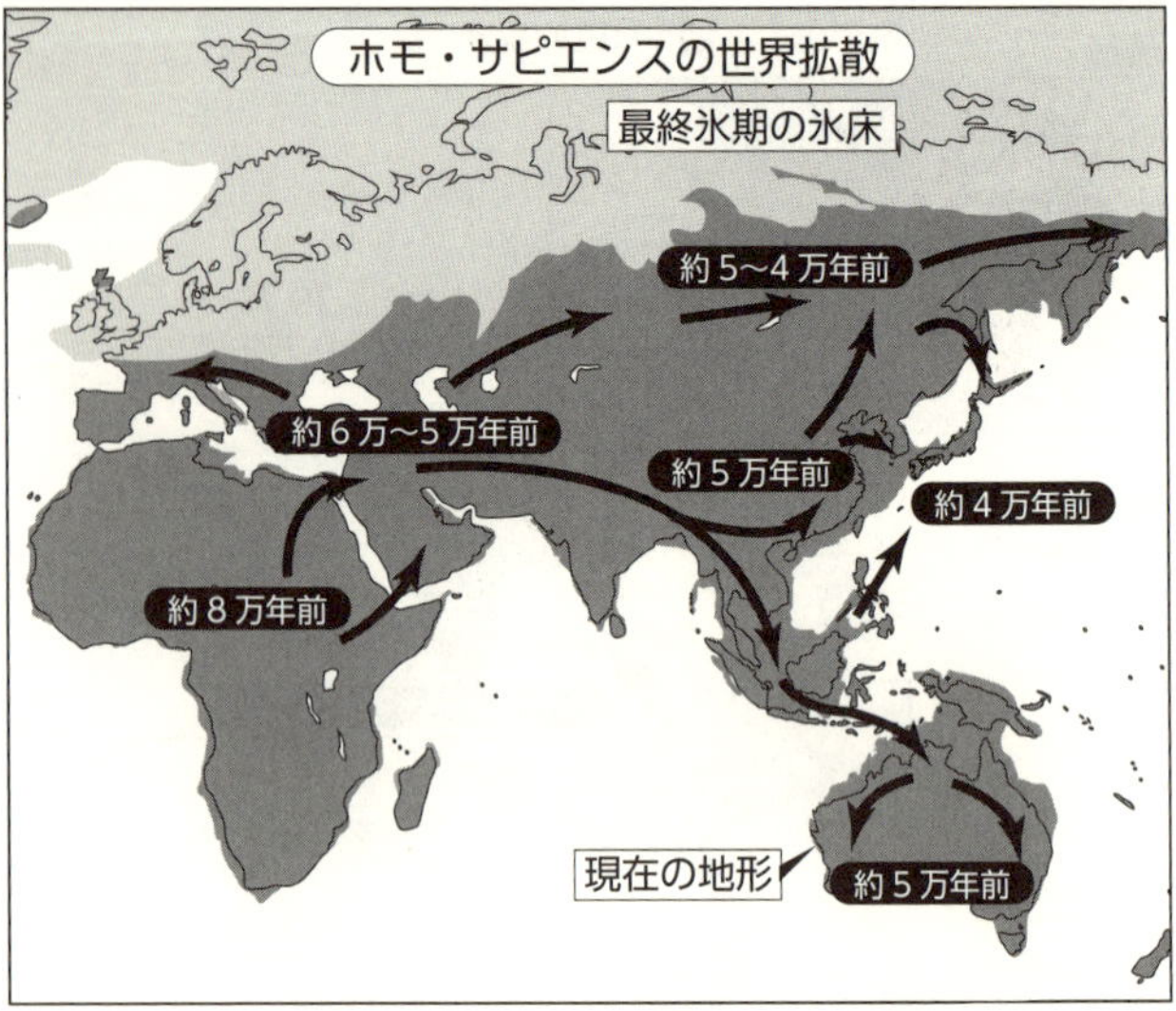

しかし、目の前に大海が広がっているとき、対岸が目に映らない限り、その先に陸地がある保証はなかったはずで、それでもあえて船出をした背後には、切羽詰まった事情があったとしか思えない。冒険の旅であれば壮年の男だけで行ったであろうが、移住先で子孫を残せたという事実は、女子供を伴っていたことを意味しており、そこにもまた何かしらの選択があったと考えられる。

赤道に近いほど気温が高く、森林があれば食べ物も豊富。現代人は単純にそう考えてしまいそうだが、人類の拡散過程を見ると、当時の人類にそんな発想はなかったかのように思える。

人類誕生から日本人になるまで700万年史

改めて人類の歴史をおさらいしておこう。

人類誕生は700万年前で、その地は中央アフリカ。初期猿人が猿人を経て原人に進化したのが250万年前のこと。

その間に直立二足歩行への移行が進み、生活圏も森林から疎林、そして草原へと変わっていった。

肉食が自然死した動物や肉食獣の食べ残しを食べることに始まり、やがて自分たちで狩りをするようになった。ここで直立二足歩行の強みが発揮される。

四足動物の多くは短距離走では強いが、長距離走では人類に分がある。

何時間も、ときには数日がかりの追いかけっこになるが、目標を見失うか肉食動物に横取りされない限り、狩人たちは獲物を仕留めることができた。必死の抵抗に遭い、死傷者を出すこともあっただろうが。

狩猟をするか、採集だけで済ませるかで、人類の運命は大きく変わった。採集で得られる食べ物はエネルギー不足で、起きている間は常に何かを口にしていないことには満腹感を得ることができない。

つまり、終日食べ物探しに追われるわけで、それ以外のことに時間も頭脳もまわす余裕がない。

それに対して肉食の場合、エネルギー効率がよいために余暇が生まれ、それを利用して脳を働かせたり、何かしら手作業に時間を使うことができた。考える癖のついた者とそうでない者との違いは歴然で、後者が滅びの道を辿るのは避けられないことだった。これまた一種の選択の結果である。

原人は火や道具の使用を始めることで、生活圏を拡大させただけでなく、生存率も高めることができた。それでいながら、後発のホモ・サピエンスに圧倒され、地上から姿を消してしまった。何が両者の運命を分けたのか。どこで選択を誤ったのか。それまた本文を参照願いたい。

原人は日本列島にまで来てはいなかったが、ホモ・サピエンスは4万年前から断続的にやってきた。そのうち初期にやってきたのは南方からの人びとで、その子孫が縄文人となった。

狩猟採集をしながら日本列島全域に広がり、縄文時代晩期には陸稲栽培など農耕も開始された。

縄文時代に大きく遅れて、今度は北方系の人びとがやってきた。そのルートはいくつにも及んだが、共通していたのは寒冷地に適応していたこと。バイカル湖周辺で幾世代をも重ね、何らかの事情で南下を始めた集団のうち、中国大陸の長江流域で水稲栽培の技術を身につけた者の一部が日本列島に渡来した。そのルートも東シナ海を横断してそのまま来たケースと、山東半島や朝鮮半島で幾世代かを重ねたのち、再度の移住先として日本列島を選んだケースが考えられる。

こうして考えると、弥生時代の日本列島は異なる文化を持った集団がいくつも共存する、国際色豊かな社会であったことがうかがえる。

それらが融合して生まれたのが、のちに言う大和民族であり、少し別の道を歩んだのがアイヌと琉球人だった。

ホモ・サピエンスが日本人になるまでの５つの選択　年表

時代	年（頃）	おもな出来事
	７００万年前	**初期猿人登場**
	４２０万年前	（～２００万年前）アウストラロピテクスが生息
	４００万年前	**猿人登場**
旧石器時代	２６０万年前	（～１００万年前）パラントロプスが生息 「オルドワン石器」を使用
	２５０万年前	**猿人から原人への進化が顕著に** （～１５０万年前）ホモ・ハビリスが生息
	２００万年前	**人類が初めてアフリカを出る**
	１７５万年前	「アシュール石器」を使用
	１５０万年前	原人が「脳化指数」で初めてイルカに優る 人類が初めて火を使う
	１２０万年前	ホモ・エレクトゥスの肌が黒くなる
	８０万年前	（～２０万年前）ホモ・ハイデルベルゲンシスが生息
	７７万年前	（～１２万６０００年前）「チバニアン」の地層が残る時代
	６０万年前	**旧人登場**
	４０万年前	ホモ・ハイデルベルゲンシスがアフリカの外に出る
	２０万年前	**新人「ホモ・サピエンス」登場**
	１０万年前	（～３万５０００年前）ネアンデルタール人が生息
	８万年前	ホモ・サピエンスがアフリカの外に出るが、寒冷化のため、移住は進展せず

時代	年代	出来事
旧石器時代	6万8000年前	（～1万7000年前）ホモ・フロレシエンシス（ホビット）が生息
	4万7000年前	急激な温暖化が進み、ホモ・サピエンスが世界五大陸に進出再開
	4万年前	ホモ・サピエンスが大陸から日本への渡来がはじまる
	3万年前	東南アジアからオセアニア大陸まで舟で渡る
	2万3000年前	（～1万8000年前）港川人が生息していた
	1万3000年前	**ホモ・サピエンスが五大陸すべてに拡散した** **人類がホモ・サピエンス一種のみになる**
縄文時代	**1万2000年前**	**（～紀元前300年）縄文時代が始まる** （～6000年前）縄文時代の早期。貝塚や集団墓地が形成される
	6000年前	（～5000年前）縄文時代の前期、大規模集落ができる
	5000年前	（～4000年前）縄文時代の中期、環状集落ができる
	4000年前	（～3000年前）縄文時代の後期、環状列石を持つ墓地が発達 長江中・下流域で水稲栽培が開始 黄河中・下流域でアワ、キビなどの雑穀栽培が始まる
	3000年前	（～紀元前300年頃）縄文時代の晩期、塩の生産が開始される 縄文時代の晩期から弥生時代の早期、板付遺跡にて日本初の水田稲作が行われていた
弥生時代	**紀元前300年**	**（～紀元前100年）弥生時代前期、環濠集落の発生**
	紀元前100年	（～100年）弥生時代中期、高地性集落、墳丘墓が出現
	57年	光武帝に倭の奴国の使者が訪問。金印を下賜
	100年	（～300年）弥生時代後期、邪馬台国の形成
	239年	邪馬台国の卑弥呼が魏に使いを送り、「親魏倭王」の称号と金印紫綬、銅鏡などを賜る
	247年	卑弥呼死去

1章 ホモ・サピエンスの登場

第一の選択

氷河期の時代に、アフリカから「今、出る」か「まだ残る」か

人類の歴史は選択の連続だった。森林から去るか残留するかもそうなら、アフリカの外に出るか残るかもまた同じ。粗食に耐えるか美食に走るかも大きな選択だった。森林から草原への移住は肉食獣に襲われる危険性を高めたが、直立二足歩行と脳の発達を促す上で不可欠の選択でもあった。

人類はどこで生まれ、どんな種族がいたのか

●人類はどのように分類されているか

人類（ヒト）の歴史は今から７００万年前にまでさかのぼる。そこから現代までの歩みは、「猿人・原人・旧人・新人」の４段階で表わされることもあれば、猿人の期間が長すぎるというので、「初期猿人・猿人・原人・旧人・新人」の５段階で表わされることもある。ただし、右の分類法は現在では万国共通ではなく、日本以外ではほとんど使われなくなっている。人類の進化がそう単純でないことがわかったからで、現在ではすべての人類を学名で表記するのがスタンダードなのだ。

　国際的な基準に照らしてみれば、あらゆる生物の分類は、大きい方から「界↓門↓綱↓目《もく》↓科↓属↓種」という段階でなされ、現在の人類は「動物界↓脊索《せきさく》動物門↓哺乳綱↓サル目↓ヒト科」のホモ・サピエンスということになる。

　ホモ・サピエンスはラテン語で「人間」を意味する「ホモ」と「賢い」という意味の「サ

ピエンス」を合わせた言葉である。ここでいう「ホモ」が属名、「サピエンス」が種小名で、種名すなわち種としての名がホモ・サピエンスなわけで、生物学的にみれば、現在の人類は単一の種ということになる。

なぜラテン語を使うのかといえば、それはラテン語がもはや変化することのない死語だからだ。言葉の発音は時代によって変化するが、万国共通の学術用語が変化するのは好ましくない。そのため近代科学発祥の地であるヨーロッパでは、彼らにとっての古典語であり死語でもあるラテン語を学名に用いることにしたのだった。

けれども、現時点で化石が発見され、学名のついている人類種だけでも20以上に及ぶ。今後の発掘調査が進めば、この数はさらに増えるに違いなく、それらをすべて個々の学名で呼んでいては、専門家以外の人には何が何だかさっぱりわからない。そのため多少の間違いはあっても、右の4段階ないしは5段階の区分は便利だというので、日本では現在でも利用されているのだった。

●初期猿人・猿人・原人・旧人・新人の特徴

それぞれの特徴を簡単に説明しよう。「初期猿人」は森林で生活し、果物を主食としていた。強力な握力を武器に枝から枝へと移動したが、不完全ながら地上へ下りて直立二足歩行をすることもできた。鋭く尖った犬歯は縮小する傾向にあったが、脳容量は３００～３５０ccと、現代人の４分の１から３分の１にすぎなかった。

次の「猿人」が登場したのは約４００万年前のことで、まばらに高い木がそびえる疎林と草原を行き来しながら果実だけでなく、乾燥した豆や草の根なども食したことから、臼《きゅう》歯《し》が大きくなった。腰が完全に伸び、足の裏には土踏まずもできたが、脳容量は３００～５５０ccと、微増に留まった。

猿人から「原人」への進化が顕著になったのは約２５０万年前のことで、石器を使うようになった反面、歯と顎《あご》では縮小が進んだ。身長が急速に伸びて現代人を超えるまでになり、さらに脳容量も６００～１２００ccと、現代人の２分の１から３分の２近くにまで増加した。

次に「旧人」が現われたのは約60万年前のことで、脳容量は現代人とほぼ同じ１４５０cc前後。複雑な石器を作れるようになっていた。

そして「新人」ことホモ・サピエンスが登場したのは約20万年前のことだが、人類誕生から数えれば実に６８０万年もの歳月が経過しており、非常に長い道のりだった。

それぞれの進化の段階は犬歯の状態、直立二足歩行の完成度、臼歯の状態、脳容量などを目安に図れるのだが、それらについては追い追い説明していくとしよう。

●700万年前の人類誕生の地

700万年前の人類誕生の地については、少し前までは東アフリカと南アフリカが競っていたが、2001年にアフリカ大陸中北部のチャド共和国でそれらより古い猿人化石、学名サヘラントロプス・チャデンシスが発見されたことから、にわかに中央アフリカ説が最有力視されるようになった。

サヘラントロプスとは「サヘル地域のヒト」という意味で、サヘルは現在でこそサハラ砂漠のど真ん中に位置するが、ともに姿を現わした出土品の数々から、700万年前の同地が水と緑に恵まれた豊かな環境であったこともわかった。

サヘラントロプス・チャデンシスの発見者はフランスの古生物学者ミシェル・ブルネ氏で、彼はこの猿人化石に「トゥーマイ」という愛称を与えた。これは「命の希望」を意味する現地の言葉で、元来は乾期に生まれた動物の赤ん坊を指しながら、転じて困難に打ち勝って成長した子どもを指す言葉として用いられた。人類化石など見つかるはずはないと言われながら、あきらめず発掘調査を続けたブルネ氏を称え、地元の人びとが彼に贈った賛辞で、ブルネ氏は彼らと喜びを共有したく、サヘラントロプス・チャデンシスにトゥーマイの愛称を与えたのだった。

サヘラントロプス・チャデンシスの発見は、「イースト・サイド・ストーリー」と俗称されたそれまでの仮説を破綻させることにもなった。その説はフランスの人類学者イブ・コパン氏が1982年に提起したもので、アフリカ大陸東部には「大地溝帯」という大きな裂け目が走り、両側には高い山脈がそびえている。大西洋の水蒸気を多量に含んだ偏西風は大地溝帯の西側には大量の恵みの雨をもたらしたが、高い山脈にさえぎられて東側に届かず、東側では乾燥化が進んだ。

かくして東側では樹上生活が困難になったため、人類の祖は地上に下り、草原で暮らすようになったという説だったのだが、大地溝帯から外れたチャドで最古の人類化石が発見されたことでこの説は破綻をきたし、コパン自身も当に自説の撤回を表明している。

人類とチンパンジーを分けた選択

●人類とチンパンジーには共通の祖先がいた

人類はサルから進化した。アメリカ人の４人に１人はこれを聞くと目くじらを立てて怒り、頭から否定するそうだ。サルではないが、人類の祖先が約７００万年前に他の類人猿から分岐したことは、現在の人類学・古生物学の世界に限らず、国際的な共通認識ともなっている。

類人猿の名でくくられる生き物で現生するのは人類、ゴリラ、オランウータン、チンパンジー、ボノボ、テナガザルの6種である。この5種はあらゆる生き物のなかで、人類にもっとも近い存在だが、そのなかでももっとも人類と近縁関係にあるのはアフリカの森林に生息するチンパンジーで、遺伝子の一致は実に98・8パーセントにも及んでいる。

別の言い方をすれば、人類の誕生は猿人とチンパンジーの祖先が分岐したときとなる。

ここで間違わないでいただきたいのが、人類がチンパンジーから進化したのではなく、人類とチンパンジーに共通の祖先がいたということ。700万年の歳月の間、チンパンジーも独自の進化を遂げているはずだから、現在のチンパンジー・人類の共通の祖先をそれと同一視してはいけない。

霊長類そのものが誕生したのは6500万年前のことである。最初に分岐したのがテナガザルで、それが2500万年前のこと。オランウータンの分岐は1700万年前、ゴリラのそれは1000万年前のことで、チンパンジーによく似ながら、一まわり小さいボノボのそれは700万年前より少し前と考えられる。人類との遺伝子上の相違はチンパンジーと同じ数値でありながら、生活形態が他の類人猿に近いからである。

チンパンジーがどのような進化を遂げたのか。全容は明らかでないが、ひとつだけはっきりしているのは道具の使用である。チンパンジーは果実を主食としながら、昆虫やトカゲ、ネズミなどの小動物を口にする。昆虫のなかでももっとも多く見られたのがシロアリで、現在のチンパンジーは小枝を蟻塚の巣穴に差し込み、それを引き上げることで、小枝に乗り移ったシロアリを一気に食べる。また硬い木の実を平らな石の上に置いて掌サイズの石で叩き割りもすれば、木の葉を利用して木の洞《ほら》に溜まった雨水を飲んだりもする。現在のオランウータンにも同様の習性が見られるが、チンパンジーほど器用でもなければ多様性もなく、この一点をもってしても人類とチンパンジーの近縁関係が改めて感じられる。

現在のチンパンジーの脳容量は300〜500ccで、猿人とほぼ同じである。オスの体長は約85センチメートル、体重は50〜55キログラムと現生人類に比べても、初期猿人に分類されるアルディピテクス・ラミダスの約120センチメートルと比べてもかなり小柄だが、握力は何と約300キログラムもある。木の枝から枝に飛び移るには自分の全体重を支えなければならないのだから、それくらいは必要なのだろう。だとすれば、同じく森林で樹上生活を送っていた人類・チンパンジーの共通の祖先も体重に相応した握力と腕力を有していたはずである。

●「歯」に隠された人類とチンパンジーの違い

現生人類の脳容量は初期猿人の3〜4倍にも増えたわけだが、そもそも人類とチンパンジーを分岐させた要因はどこにあったのか。

確証はないが、人類とチンパンジーの形質上の相違がヒントになるかもしれない。たとえば、犬歯である。人類の犬歯が縮小の一途をたどったのに対し、チンパンジーはそうならず、現在のチンパンジーのオスは大型犬の牙と同じくらい大きく鋭い犬歯を有している。

これは他の群れとの争いや、群れ内部でのボスの座をめぐる争いに備えるためのものと考えられる。

　チンパンジーの社会は多夫多妻だが、群れのなかのオスはしっかりと序列化されており、メスとの交尾はボスに優先権がある。しかし、発情期ともなれば、子どもを除くすべてのオスが興奮状態になるために激しい闘いが避けられず、子孫を残すという目的を果たすためには、是が非でも勝者にならなければならなかった。手足に爪がない以上、武器になるのはおのれの犬歯のみ。チンパンジー社会そのものが変質しない限り、犬歯の縮小はありえなかったのである。

　いっぽうの人類はどうかといえば、犬歯の縮小はオス同士の争いが減少もしくは穏健化したことを示唆している。すなわち、命がけの闘いに勝利しなくてもメスとの交尾が可能な社会に変化したということ、一夫一婦制かそれに近い社会に変質したということである。

　別の言い方をすれば、欲望を制御し、個より全体のことを優先させるようになったのが人類で、あくまで個の欲望を追求し続けたのがチンパンジーとすることもできる。以上は分子古生物学を専門とする更科功氏が提示した説で、ユニークでありながら、説得力のある見方でもある。

森林から離れることを選んだ人類

●チンパンジーと人類の遺伝子は98パーセント以上同じ

人類とチンパンジー共通の祖先はアフリカの森林で樹上生活を送っていたが、初期猿人は完全な樹上生活から離れてしまった。初期猿人「アルディピテクス・ラミダス」の臼歯の状態や当時の地層から見つかった他の動植物の化石により、彼らがまばらにしか木の生えていない疎林で生活していたことがわかっている。

700万年前の中央アフリカは森林と疎林、草原からなっていた。このなかでもっとも自然の恵みにあふれていたのは森林で、年間を通して何らかの果実が成っており、果実を主食とする生き物が好んでそこを離れるはずはなかった。

森林であればヒョウくらいだが、疎林や草原にはそれ以外の肉食獣もたくさんいて、危険な場所でもあったからである。

それでは、われわれ人類の祖先はなぜ森林を離れたのか。

一つの可能性として、地球環境の変化によって森林が縮小し、それにともない食料も減少。他の類人猿との競合が激しくなったために、弱い集団が森林を後にせざるをえなくなったということが考えられる。

ここで言う強い弱いは直接対決での勝敗だけではなく、木登りの上手い下手も含まれる。果実が豊富にあれば問題ないが、果実の絶対数が大幅に減少すれば、どうしても早い者勝ちとなる。であれば、木登りの上手い下手は存亡に直結するはずで、飢餓状態に陥った集団はそのまま滅びるか、新天地を目指すしか選択の余地はなかった。

ただし、これは結果論であって、われわれ人類の祖先に選択能力があったかどうかはわからない。だが結果としてみれば、森林に留まった集団がチンパンジー、後にした集団のなかで生き延びた者たちが人類へと、それぞれが別の進化を遂げていくことになるのだった。

とはいえ、初期猿人は完全に草原生活に移行することなく、疎林での生活を選んだ。疎林であれば、肉食獣に見つかっても樹上に逃げることが可能だからだ。相手がヒョウであればあきらめるしかないが、ライオンやハイエナであれば木の上までは追っては来られない。じっと我慢していれば根負けして退散するはずで、森林に比べれば木の本数は少ないながら、高い樹木の有無は初期猿人にとって生死を分ける大きな鍵であったのである。

●雑食を選んだ初期猿人

アルディピテクス・ラミダスの大臼歯（奥歯）は小さく、表面の硬い部分であるエナメル質も薄い。しかも臼歯の表面がそれほど擦り減っていない。これらのことは、アルディピテクス・ラミダスがそれほど硬い物を食べてはいなかったことを表わしている。

森林で果実を主食とする生き物は一様に切歯が大きいものだが、初期猿人では縮小が顕著だった。これは食べ物のなかに占める果実の比率が大幅に少なくなったことの証でもある。

それでは初期猿人は日常的に何を食べていたのか。考えられるのは、草花や昆虫、小動物、魚などで、雑食性へ移行したと考えるのが妥当なところだろう。臼歯の擦り減り具合からして、種子や草の根を食べるようになったのは、雑食に慣れてしばらく経ってからと思われる。

疎林をも離れ、完全に草原生活に移行したのは猿人の段階だった。

森林を離れたことで得た「直立二足歩行」

●奇跡なしには説明のつかない絶滅を免れた理由

人類とチンパンジー共通の祖先から分岐が生じた後の化石がどちらのものであるか。脳容量からは識別できないが、犬歯と骨は大きな目安となる。大きく鋭い犬歯はその大きさと形質を維持するだけでも相当なエネルギーを必要とするわけで、犬歯の縮小はその維持にかかるエネルギーを他にまわせるようになったことを意味している。

犬歯については先にも触れた。犬歯の縮小が顕著なのが初期猿人である。

骨に関しては、腕と脚の長さの比をはじめ、骨盤、足の指、頭蓋骨などを見れば、それがチンパンジーか初期猿人か識別できる。地上に降りた初期猿人は長い腕が不要となり、短くなる傾向にあった。枝から枝へ飛び移ることはできなくなったが、緊急時に樹上に逃れるだけであれば、腕が脚よりも長くある必要がなくなったからである。

骨盤の変化は四足歩行から二足歩行に変化したなら当然起こることで、脚の指に関しても同じことが言える。足の親指で枝をつかむ必要がなくなり、歩行に特化されたことで、それまでより短く、かつ他の4本の指と同じ方向を向くようになったのだった。

頭蓋骨には必ず「大後頭孔《だいこうとうこう》」と呼ばれる大きな穴がある。脊髄《せきずい》へと続く神経の出口で、四足動物の場合、大後頭孔は頭蓋骨の後ろ側に開いているが、人類だけは下側に開いている。そのため人類は四足歩行をする場合、どうしても顔が下を向き、正面を見ようとすれば無理やり顔を起こすしかない。直立二足歩行を始めたことによって、大後頭孔の位置がそれに合わせて変化したのだった。

ところで、直立二足歩行と二足歩行はまったく別物である。二足歩行をする動物はカンガルーやニワトリなど他にもいるが、直立二足歩行をする生き物は地球上に人類しか存在しない。なぜいないのかと言えば、多大なリスクを伴っていたからだろう。直立二足歩行に移行してしばらくはよちよち歩きで、走ることなどままならない。これでは肉食獣に狙われたら最後。木に登る以外に助かる道はない。つまり、たとえ直立二足歩行に移行しかけた生き物がいたとしても生存の確率は低く、9割以上が絶滅を免れなかったに違いないのだった。

それでは人類の祖先はなぜ生き延びることができたのか。初期猿人は疎林、猿人は草原で生活していたと考えられるが、どうして危険な場所に生活圏を拡大していきながら、生き延びることができたのか。

明確な答えは出せないが、多分に偶然か奇跡の賜物であったことが考えられる。たまたま襲われることが少なく、しっかりと歩き、走ることもでき、道具を使用できるまでに進化した集団だけが生き延び、人類の系譜を次世代につないだ。そう考えるのが、もっとも妥当ではなかろうか。

●直立二足歩行が一夫一婦制を生んだ？

直立二足歩行は人類にどんな益をもたらしたのか。その最たるものが手の自由を獲得したことにある。歩行に不可欠ではなくなった両手を他の用途に使えるようになった。猿人の段階では道具の使用にまではいたっていないが、食料を運ぶことによって徐々に手の使い方に慣れ、それにともない知能が発達していったと推測されている。これを「食料運搬説」という。

食料運搬の目的はオスがメスにもてるためだったと言われている。犬歯が縮小してからは威嚇や暴力でメスをものにする機会は減り、毎日食料を運ぶことによってメスの気を引く。メスはその見返りとして交尾を許す。愛情とは言えないまでも、食料の提供を通じてそれに近い関係が猿人のオスとメスの間にあったというのが食料運搬説の骨子である。

以上をまとめると、直立二足歩行は手の発達を促し、それは特定のオスとメスが結ばれることにつながった。

これであれば、メスの生んだ子の父親が誰かはっきりするから、オスとしてはその子の父親が誰であるか疑う余地はなく、無条件で愛情を注ぐことができる。その愛情表現もまた食料の運搬で、赤ん坊を置いて食料探しに出歩けないメスに代わり、オスが母子の分も食料を運んでくる。それが繰り返されることで家族が、それも一夫一婦制の家族のごときものが形成されていったのではないかと考えられる。

手の自由の獲得は容貌の変化にもつながった。それまで口で行なっていたことを手でするようになったことで口の負担が減ったのだから、口まわりから頬にかけての骨格や筋肉にも変化が生じたはずで、それが他の類人猿との差異をより大きくしたであろうことは想像に難くない。

なお草創期の人類学では、直立二足歩行が脳の発達を生んだとされていたが、現在では逆に、脳の発達が直立二足歩行をもたらしたと考えられている。

「粗食」「肉食」のどちらを選択した種が生き延びたか

●粗食の方が生き延びるように思えるが

初期猿人は森林から疎林へ生活の場を変え、猿人は疎林生活にすっかり馴染んだ。そして次の原人になると生活の場を草原へと移行させ、旧人になるとどこでも生活できるようになるのだが、その間の流れは進化の一言だけでは説明しきれない複雑なものだった。

一例として顎《あご》と臼歯を挙げれば、人類全体の歴史としては、臼歯は小さく、顎は華奢《きゃしゃ》になる道を歩んだのだが、猿人の段階では逆の例も見られた。420年万前〜200万年前にかけ生息したアウストラロピテクスが少し大きくなったのに対し、260万年前〜100万年前にかけ生息したパラントロプスは巨大化が顕著だった。

両者の違いは食べ物の違いによると考えられる。草原では果実のように柔らかくて栄養価の高い食べ物が少なく、パラントロプスはやむなく硬くて栄養価の低いイネ科植物の根茎などを常食するようになった。よく言えば、環境に適応するよう努力し、粗食に甘んじたわけで、その結果、顎は鍛えられて頑丈となり、臼歯は巨大化したのだった。

現代の常識で考えれば、粗食に馴染んでいるほうが生命力に溢れ、旱魃《かんばつ》などの自然災害に遭っても生き残れそうだが、猿人の場合は違った。常食している食べ物の栄養価が低すぎて、身体を維持するために一日中何かを食べ続けなければならなかったのである。これでは脳にエネルギーをまわす余裕はなく、生存競争に勝てるはずもなかった。そのため160万年にわたって生息したパラントロプスは種としては滅びてしまったのである。

●栄養価の高い肉食がもたらした余暇

いっぽうのアウストラロピテクスは美食に走ったがために生き延び、次なる段階にバトンを渡すことができた。ここで言う美食とは肉食を指す。

初期猿人はすでに昆虫や小動物を食べていたと思われる。しかし、ひとくちで食べられるそれらと鳥獣の肉では、現代人の感覚からすれば大きな違いがある。

最初に動物の肉を口にした者はいったいどんな心境だったのか。飢えに耐えかねて口にしたのか、それともまったく抵抗はなかったのか。肉食が定着したところを見ると、それを美味と感じたことだけは間違いないだろう。アウストラロピテクスには狩猟をした痕跡がないので、彼らは自然死した動物や肉食獣の食べ残しを口にしていたものと思われる。栄養価の高い食べ物だから満腹になるまで食べなくても十分に用が足りる。必要なエネルギーは補填できるし、脳にまわす余裕もできる。食事に費やす時間が大幅に減少したことで、食事以外のことに脳を使うことができるようになった。考えるという作業が可能になったのである。

美食は万病の源というのは現代病にすぎず、数百万年前に生きたわれわれの祖先にはあてはまらない。動物の肉を求めて毎日長距離を歩かなければならないアウストラロピテクスは糖尿病のような生活習慣病とは無縁であったはずで、様々な病原菌に対する免疫力も相当強かったものと考えられる。

あくまで環境に適応しようと粗食に甘んじた種は滅び、肉食という大いなる一歩を踏み越えた種のみが生き延びたのだった。アウストラロピテクスとパラントロプスは、前者が次の種へとバトンタッチできたのに対して、後者の系譜は途絶えてしまった。

身体を粗食に慣らした場合と美食に走った場合、1世代では変化に乏しいが、10世代、20世代ともなれば違いが生じるのは必然で、時間を効率よく利用した種が生き延び、できなかった種が滅びるのは避けられなかった。

アウストラロピテクス・アファレンシスの若い女性の復元（国立科学博物館展示）

人類進化のミッシング・リンクを解き明かす鍵

●人類史を揺るがす化石の発見

猿人が草原で暮らすようになったのは約400万年前のこと。その一部が原人に進化したのは約250万年前、そのまた一部が新人すなわちホモ・サピエンスに進化したのは19万年前～16万年前のこととされるが、その進化の道筋にはまだまだ未解明の部分がたくさんある。化石の絶対量が不足しているからだ。

人類学の分野は日進月歩。今後も次々と新たな化石が見つかるはずで、現在は20余種とされる人類の種も、20年後には二倍に増えているかもしれない。10年も経てば定説も変わる。数百万年単位のことを研究対象としながら、人類学はそれくらいスピード感溢れる分野なのだ。

新たな化石が見つかるたびにそれまでの定説が揺らぎ、すぐさま塗り替えられることもある。人類化石の絶対量が足りない以上、仕方のないことではあるが、そのため人類の進化の歴史にはミッシング・リンクがたくさんある。

ミッシング・リンクを埋める材料は人類の化石以外にないのかと問われれば、これには「ある」と答えることができる。他の動物や花粉の化石、さらには地層がきれいに残っていればその任に堪えうる。

●「チバニアン」とはどのような時代だったのか

人類の進化だけでなく、地球全体の歴史を知る上でも貴重な地層が、実は日本国内に存在する。千葉県市原市田淵、房総半島を流れる養老川の川岸の切り立った崖にある地層がそれで、約77万年前～12万6000年前の地層である。周辺の地層が1000年に平均2ミリ以上の割合で堆積していることから、問題の地層の堆積速度が同じであれば、これほど珍しく貴重なものはない。

日本国内の研究グループは40年間に及ぶ研究結果に基づき、この地層を地質時代の国際標準模式層断面及びポイント（GSSP）に認定してもらおうと、国際地質科学連合（IUGS）の専門部会に申請書を提出。審査結果を待っている段階にある。

もし審査に通れば、この地層はラテン語で千葉時代を意味する「チバニアン」と命名されることになっており、地元住民や研究者だけでなく、日本中がそうなることを願っている。仮に「チバニアン」が認められれば、国内初のＧＳＳＰとなり、恐竜のいたジュラ紀や白亜紀と並ぶ地質年代の名称に日本の地名が初めて使われることになるからである。

このチバニアンの地層には、地磁気が反転した証拠がある。地磁気とは地球が持つ磁石としての性質から生じる磁場のことで、北の極であるＮと南の極であるＳはその一要素だが、これには有害な「太陽光」や宇宙線から地球上の生命を守る働きがあり、不規則に反転することもわかっている。最後に反転したのは約77万年前で、それを境に地球は寒冷化へと向かった。ネアンデルタール人はそれを乗り越えたのだから、肉体的には相当頑強であったことがうかがえる。

約77万年前～12万６０００年前といえば、人類史の上では原人からホモ・サピエンスの時代にあたり、それはまたミッシング・リンクの一つでもある。その時代の日本列島に人類が到達していたかはともかくとして、当時の自然環境を知る大きな手掛かりであることは間違いない。

人類が初めてアフリカを出たのは「いつ」「どの種」か

●アフリカから「出る」「出ない」の謎

直立二足歩行に慣れるにともない、猿人の活動範囲も自ずと広がり、原人の段階にはアフリカ大陸の外にまで拡散するにいたった。

人類学草創期には、人類の起源はアフリカでも、ホモ・サピエンスへの進化はそれぞれの大陸で独自に進んだとする説もあったが、現在では完全に否定されている。それは200万年以上前にさかのぼる人類化石がアフリカ大陸以外では発見されていないからで、人類はそれなりの進化を遂げるまでアフリカ大陸から出ようとしなかったのだった。

なぜアフリカから出なかったのか。意識的にそうしたのであれば何が障害となっていたのか。アフリカから出るか出ないかは、人類進化の歴史において大いなる選択肢だった。

だが、われわれの祖先たちにしてみれば、この問いはとんでもない愚問に聞こえるに違いない。

当然ながら、猿人や原人にはアフリカ大陸という概念はなく、現在のような地理感覚などもあろうはずがない。けれども、アフリカ大陸から出なかったことは、行動範囲の狭さだけでなく、食料に不足がなかったか、もしくは餓死をおとなしく受け入れたことを意味している。

食料に不足がなかったとする場合、二つの可能性が考えられる。一つは森林だけでなく疎林や草原にも食料が豊富にあった可能性、もう一つは人類の絶対数が極めて少なかった可能性である。

絶対数が少なければ、食料が少なくても生きていける。縄張り争いに敗れてもわずかな移動で事足りて、リスクを犯してまで冒険に走る必要もなかったわけで、それであればアフリカの外へ出なかったことも納得がいく。アフリカの南部や西部へ移動する選択肢もあったのだから。

とはいえ、猿人の段階で滅びた種がいくつもあったのも事実で、熾烈な生存競争があったことは否定できない。アフリカを後にする集団が現われたのは複合的要因によるものだろう。

●出アフリカの一番手は

アフリカで生き延び、250万年前から150万年前にかけ生息した「ホモ・ハビリス」という種がいる。「手先の器用な人類」という意味で、その名に違わず脳容量が600～775ccと猿人よりかなり多く、猿人から原人への過渡期の存在と位置づけられている。

このホモ・ハビリスの後裔と目されているのがホモ・エレクトゥスと呼ばれる種で、脳容量は現生人類の3分の2ほどで、石器を作り、狩りをしていた。腕に比べて脚がはるかに長く、直立二足歩行を完璧にこなすどころか、草原を疾駆できたと考えられる。エレクトゥスとは「直立」を意味する言葉である。

アフリカ大陸を最初に出た人類の祖先は、このホモ・エレクトゥスかその近縁種だった。季節移動の習性を持つ動物の群れを追ううちに出てしまったのか、人口飽和に陥ったアフリカに見切りをつけたのか、それとも生存競争に敗れて出ていかざるをえなくなったのか定かではない。ともあれ約200万年前にその出来事、『旧約聖書』にある「出エジプト」の故事に倣い、「出アフリカ」と呼ばれる出来事があったことは間違いない。

移動が日常的な行為で、現代人のような地理感覚を持たない彼らにとって、大事とは呼べない行為であっただろうが。

アフリカ以外で最古の人類化石が発見されたのはカフカス（コーカサス）南部のジョージア（旧グルジア）である。首都トビリシから自動車で3時間ほどの距離にあるドマニシという村で発見されたことから、「ドマニシ原人」とも呼ばれる。

ドマニシ原人の体長は147〜157センチメートル、脳容量は600〜775ccと、アフリカで見つかっているホモ・エレクトゥスに比べ小型であることから、ホモ・ハビリスの後裔でもホモ・エレクトゥスとは別種の原人なのではないか、初期段階のホモ・エレクトゥスではないか、アフリカを出てから小型化したのではないかなど、様々な説が提示されている。

何が正解であるにせよ、現在確認されているなかでは「ドマニシ原人」が出アフリカの一番手で、彼らが狩りや肉食獣からの防衛において、石器や棒切れを手に集団行動をとっていたことがわかっている。ホモ・サピエンスにかなり近づいたのだった。

出アフリカは「嘆きの門」「シナイ半島」のどちらのルートを選んだか

●アフリカから出る2つのルートとは

アフリカ大陸とユーラシア大陸で陸続きなのはエジプトのシナイ半島だけである。アフリカを出るルートは、シナイ半島を渡るルートが容易に考えられるが、これは現在の状況であって、200万年前も同じであったとは限らない。

そこで着目されたのが現在のジブチとエルトリアの国境付近からアラビア半島南西端へと、紅海とアデン湾を結ぶ通称「嘆きの門」を渡るルート。

現在でも最短距離で20キロもある。また、7万年前～6万年前には最大で100メートルも海面が低かった。それだけ海峡の幅も狭かったわけで、200万年前にはそれと同程度かさらに狭かった可能性がある。そうであれば、海峡を集団で渡るのは不可能ではなく、アラビア半島南西端に上陸したあと、海岸沿いに進めば北と東のどちらのルートを取るにせよ、西アジアに到達できる。物証となる原人化石がアラビア半島の沿岸部から発見されれば、この説が有望になるに違いない。

いっぽうのシナイ半島を渡る説にも一つ問題がある。それはアフリカ大陸総面積の約3分の1を占めるサハラ砂漠の存在で、飲み水と食料の点からすると、一見無理そうに思える。だが、「嘆きの門」と同じく、サハラ砂漠の状況も現在と200万年前で同じとは限らない。事実、7万年前~1万年前のサハラ砂漠は緑に覆われていたことがわかっており、砂漠化の進行が1万年前以降だとすれば、200万年前には通行が可能であった可能性が出てくる。そうであれば、シナイ半島説も問題なしと見なしてよい。

1万年前といえば最終氷期の終わった頃にあたる。地球の歴史は氷河期(氷期)と間氷期の繰り返しで、氷期とは寒冷化が著しく、間氷期は温暖化が進んだ時期のこと。当然ながら、氷期には海の水も氷るため、海洋面積は小さくなる。現在は海のところでも陸地化していたところがたくさんあるわけで、人類や他の動物はそこを歩いて渡ることができた。人類がアメリカ大陸に渡ったのも、マンモスが北海道までやって来たのも最終氷期のことだった。

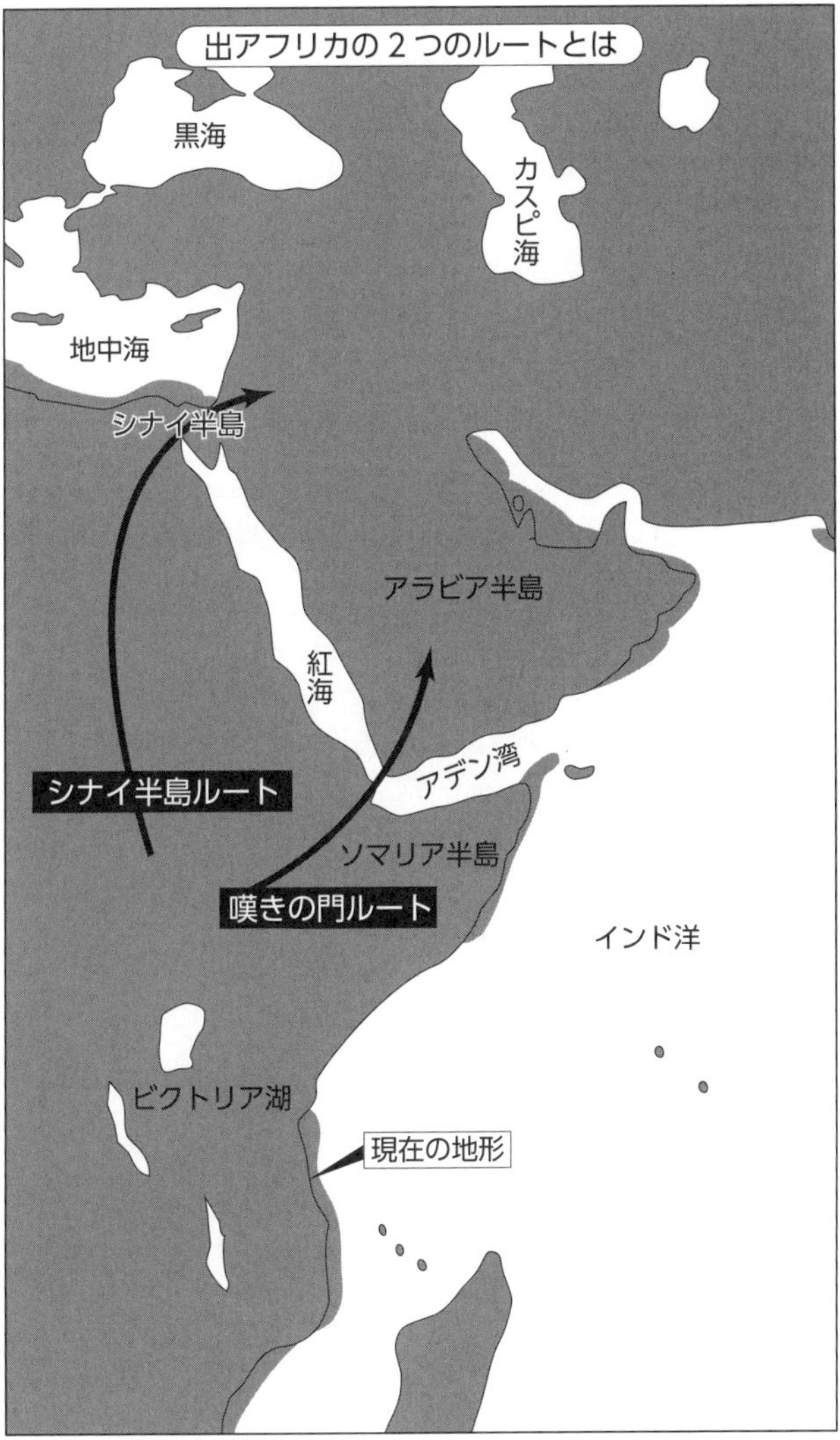
出アフリカの２つのルートとは
黒海
カスピ海
地中海
シナイ半島
アラビア半島
紅海
アデン湾
シナイ半島ルート
ソマリア半島
嘆きの門ルート
インド洋
ビクトリア湖
現在の地形

●出アフリカはどちらのルートが有力か

ジョージアではドマニシ原人が見つかっているが、彼らはどちらのルートを取った集団の後裔だったのか。ジョージアは黒海とカスピ海に挟まれたところにあり、シナイ半島からもアラビア半島の東の付け根からもほぼ等距離にある。アラビア半島南西端から海沿いに北上したとしても、シナイ半島の東の付け根に出る。距離からは判断が難しく、どのルートが有力になるかは、今後の発掘状況いかんにかかっている。

仮にアラビア半島の東の付け根に出たとすれば、そこからチグリス・ユーフラテスの二大河川をさかのぼれば、自ずとカフカス南部に至るので、このルートがもっとも自然かもしれない。

唯一気になるのは、ジョージアの気候が東アフリカや中央アフリカと比べると、かなり寒冷なことだが、これはあくまで現在の数値で、200万年前の同地は広い台地で、近くの火山から流れ出た溶岩に囲まれ、水飲み場としてちょうどよい湖もできた。そのためオオカミやシカに加え、ダチョウ、キリンなどアフリカの動物も生息しており、食料不足に悩まされることはなかった。競合相手がいないことも手伝って、暮らしやすいところであったに違いない。

移動方向と経路をどうやって選んだのか

●そもそも移動する理由とは

どのルートを通ったにせよ、アフリカ大陸を出た原人はまず西アジアに出たはず。そこに腰を据える選択肢もあったろうが、出土した化石を見る限り、さらなる移動を続けた集団のほうが多数を占めた。彼らは移動の方向やルートをどのように決めたのだろうか。

これまでの発掘調査の限りでは、原人はカフカス以北には向かわず、東か西のどちらかに向かい、どちらかといえば東のほうが多かった。太陽の昇る方角であることが関係するのかは定かでないが、単に東のほうが広いため、より多くの原人化石が見つかっているだけなのかもしれない。

移動方向の決め方を語る前に、なぜ移動したのかについても言及しておかなければならない。移動し続けるのが普通だったのか、必要に迫られて移動したのか。後者だとすれば、動物の群れを追っての移動だったのか、食料全体が不足したせいか、何らかの自然災害のせいか、別の集団に追い払われたのか。どれも確証に欠けるため、現時点では答えを出すことは不可能である。

だが、動物の群れを追ったのではない場合、方向と経路をどう決めたのかという問題が生じる。ドマニシ原人がジョージアにいたのは北上したからに違いなく、それからすると東進だけでなく、北上という選択肢も常に存在していたことになる。

経路は歩きやすいところを選ぶとして、方向を選ぶ決め手は何だったのか。縄張り争いや食料不足に起因する可能性があるが、この二つは相関関係にある。食料が十分あれば縄張り争いをする必要はなく、食料の絶対量が一定でも、人口密度が高まれば相対的に食料不足が生じる。つまり、人口が一定限度を超えたなかで内部抗争を避けたいのならば、過剰な人口をよそへ移住させるしかなかった。

内乱と呼べるような争いがあって、その敗者が移住を余儀なくされたのか、自主的に移住を決めた集団、弱さゆえに移住を強いられた集団がいたのか、どれが真実に近いのかは不明ながら、人類の移住というのは全体がまるごと動いたのではなく、実のところ、分岐が生じたとするのが妥当ではなかろうか。

●移動経路はどのように決めたか

それでは移動のルートはどのように決められたのか。これも想像に頼るほかないが、常識的に考えれば、食料がありそうで、競合相手のいなさそうなところ。それに加えて、道があまり険しくないところとなるだろうか。屈強な若者だけであればともかく、老若男女を伴う集団での移動となれば自ずと制約が加わる。特に子孫を残すために女性は不可欠なので、彼女らに無理のないルートが選ばれたと考えるのが自然だろう。

もっとも、以上は理詰めにすぎず、実際は指導者の気まぐれに翻弄されていたかもしれない。不適切な方角を選択した集団は滅び、運のよかった集団が生き延びた。人類の進化には多分に偶然の要素が絡んでいたことも考えられる。

ともあれ、原人の足跡はユーラシア大陸の全域に及んだ。それらのなかでも、中国北京南西郊外の周口店で発見された北京原人、学名ホモ・エレクトゥス・ペキネンシスとインドネシアのジャワ島で発見されたジャワ原人、発見時の通称ピテカントロプス・エレクトゥスは発見時期が比較的早かったこともあって、知名度が高い。

繰り返しになるが、北京原人が現在の中国人の直接の祖先、ジャワ原人が現在のインドネシア人の直接の祖先というわけではない。この点については次章で改めて触れる。

2章

ネアンデルタール人とホモ・サピエンス

第二の選択

生き残るのは「大きな脳」か「コンパクトな脳」か

原人はユーラシア大陸全域に拡散しながら、後発のホモ・サピエンスに圧倒され、この世から姿を消してしまった。何が両者の命運を分けたのか。そこにも重大な選択が関係したはずである。旧人のネアンデルタール人も同様で、彼らはホモ・サピエンスよりわずかに脳容量と体格が大きかったにも関わらず、この世から姿を消してしまった。どこかで選択を誤ったからに違いない。

「脳の発達」と「世界進出」を遂げた原人はなぜ滅んだか

●原人の進化と移動の足跡を辿る

猿人から原人への進化は画期的だった。数百年間にわたり微増に留まっていた脳容量が急増し始めたことに加え、臼歯《きゅうし》が縮小し始めたのだから。後述するように、臼歯の縮小は根茎など硬いものを食べる機会が極端に減り、柔らかい肉を食べる機会が増えたことを示している。

いっぽうの脳容量だが、単純に重量だけで見るなら、体長の大きな生物ほど重くなるが、人類より大きな生物が人類より賢いとは限らない。そこで特殊な計算方法によって算出する「脳化指数」という数値がある。

これによれば、人類が誕生した700万年前、地球上でもっとも賢い生物はイルカだった。トップに君臨するイルカの地位は何百万年も揺らぐことなく、人類の祖先がイルカを追い抜いたのはわずか150万年前の原人だったのだ。

アフリカから西アジアに出た原人のなかに東進を続けた集団がいた。途中で幾度となく分岐を生じながら、その一部はインド亜大陸を横断したあと、現在のミャンマーあたりから北上。雲南省《うんなんしょう》を経て黄河上流域の陝西省《せんせいしょう》まで達したのち、黄河沿いに東へ進み、北京市南西郊外の周口店《しゅうこうてん》に到達した。雲南省で発見された「元謀人《げんぼうじん》」、陝西省で発見された「藍田人《らんでんじん》」、周口店で発見された「北京原人」の化石はその証左と考えられる。

いっぽう、ミャンマーあたりからさらに東進して、ジャワ島に渡った集団もいた。おそらく当時は陸続きか浅瀬続きか海峡が狭かったのだろう。彼らこそ「ジャワ原人」と呼ばれる者たちである。北京原人とジャワ原人はともにホモ・エレクトゥスが進化した集団と考えられる。

かくして原人はユーラシア大陸の東西に広く展開したが、北京原人が現在の中国人の大多数を占める漢民族の直接の祖先かといえば、実はそうではない。進化の道筋はそう単純ではなく、アフリカに残った原人のなかから旧人に進化する集団、そこからまたホモ・サピエンスに進化する集団が現われ、ユーラシア大陸に散らばった原人はすべてホモ・サピエンスに取って代わられてしまう。

●世界に進出した原人が、独自に進化した？

100年くらい前には人類の進化に関して「多地域進化説」と「アフリカ単一起源説」の二つがあった。

前者はユーラシア大陸各地の原人が各個に進化して、旧人、ホモ・サピエンスに進化したとする説で、近代科学をリードした西洋人は黒人とは最初から別の種であるとの固定観念が守られ、悠久の歴史を誇る中国人は自分たちの歴史は原人の段階にまでさかのぼれるとの自尊心を満たせるとあって、それを当然のごとく受け入れた。

しかし、現在ではミトコンドリアDNA分析の結果、多地域進化説は完全に否定され、アフリカ単一起源説が国際的な常識となっている。中国国内では多地域進化説に固執する傾向がなお強いが、国際的な趨勢を代えるほどの力を有してはいない。

ちなみにミトコンドリアDNAとは細胞質内にあって細胞にエネルギーを供給する役目を担う小器官で、独自のDNAを持っている。単にDNAと言う場合、Y染色体という細胞の核の染色体を構成する核染色体を指すのだが、ミトコンドリアDNAの量は核染色体の20万分の1と少ないながら、核染色体からは得られない独自の情報を有している貴重なものである。

それでは、原人から旧人への進化はどのように進行したのか。原人の脳容量は最終的に現生人類の3分の2くらいにまで達したが、旧人のそれは現生人類と同程度にまで達し、個体別では現生人類のそれを上まわる者も少なくなかった。

脳容量の大きさは必ずしも知能指数や賢さに比例しないが、それは個体別に見た場合であって、集団となれば話は別である。生き残るために知恵を絞るという点で、旧人に分があったことは否定のしようがない。

だが、原人が旧人またはホモ・サピエンスに滅ぼされたのかといえば、これに明確な答えを出すことはできない。食料の獲得競争に敗れた結果、滅びた場合、その責めを旧人やホモ・サピエンスに科してよいものかどうか判断に迷うからだ。

屈服して若いメスを差し出し、同化された場合に関しても同じことが言える。出産可能な若いメスは何よりも貴重な存在だったはずで、それの譲渡は完全なる屈服を意味する。

すなわち、現在のわれわれにも、非常に微小ながら、滅亡したはずの原人の遺伝子を受け継ぐ者が存在するということでもある。

繰り返し述べたように、進化の道筋は単純ではなかった。

●謎の小人「ホビット」の正体

そのもっとも顕著な例がインドネシアのフローレス島で発見された化石、学名「ホモ・フロレシエンシス」である。

この化石の主が生息していたのは約6万8000年前～1万7000年前。身長は106センチ、脳容量は380ccといたって小柄で、その大きさだけで判断するなら猿人に分類するのが妥当である。そのため、小さな人類を意味する「ホビット」の愛称で呼ばれることもある。

けれども、その生息年代は旧人とホモ・サピエンスが共存していた時期とぴったり重なる上に、その滅亡は旧人の滅亡より後となる。彼らはいったい何者だったのか。

これについては、ジャワ島から渡ってきた原人が食料の少ない島の環境に合わせ、小型化したとする説、猿人段階でアフリカを出た集団があり、その後裔ではないかとする説などが提示されているが、どれも確証がなく、定説を見るにいたっていない。ホモ・フロレシエンシスを猿人に分類するか原人に分類するかでも意見が分かれている。

ホモ・フロレシエンシスの復元（国立科学博物館展示）

10万年前には6種もの人類がいた

●なぜホモ・サピエンスだけになったのか

人類の進化が単純でないことは何度も繰り返してきた。たとえば「ホモ・ネアンデルタ一レンシス」、俗に「ネアンデルタール人」と称される旧人は10万年前～3万5000年前にかけ生息したが、ホモ・サピエンスの誕生はそれより古い19万年前～16万年前の間である。後から生まれた種のほうが生き残るとは限らなかったのだ。

ホモ・サピエンスが誕生したのは東アフリカのエチオピアで、最古の化石は「年長者」を意味する言葉をつけて「ホモ・サピエンス・イダルツ」、また、発見された土地の名をとって「ヘルト人」とも呼ばれる。

単にホモ・サピエンスとしなかったのは、顔つきにやや原始的な特徴が残っていて、亜種と判断されたためで、系譜としては「ホモ・ハイデルベルゲンシス」の中から進化したと考えられる。

ネアンデルタール人的な特徴は皆無なことから、ホモ・ハイデルベルゲンシスとホモ・サピエンスの中間の状態と位置づけられてもいる。

原人のホモ・エレクトゥスや旧人のホモ・ハイデルベルゲンシスから進化したと思われる種は無数に及んだ。10万年前に限ってみても、ネアンデルタール人の他にも先述したホモ・フロレシエンシス、シベリアの「ホモ・デニソワ」、台湾の「澎湖人《ほうこじん》」など少なくとも6つの異なる種の存在が確認されている。今後、世界的に発掘調査が進めば、その数は大幅に増えるに違いない。

だが、現在生き残っているのはホモ・サピエンスだけである。なぜホモ・サピエンスだけなのか、なぜ他の種は滅んでしまったのか。これは人類学の上で最大と言ってもよい謎である。

●人類がホモ・サピエンスだけになったのは「認知能力」の差か

ヘルト人の生息域は東アフリカから広がることはなかったようだが、脳容量は1450ccと、ホモ・サピエンスと比べてまったく遜色がなく、石器を使用して、集団でのカバ狩りを行ない、死者に対して何らかの儀礼的な行為をなしていたこともわかっている。そこまで進化していながらどうして滅んでしまったのか。何とも不思議な思いがするが、ホモ・サピエンスとのわずかな違いが長期的に見て致命的であったということなのだろう。

生存競争が激しくなれば、より詳細な情報伝達のできる集団がどうしても有利になる。一度の失敗で過ちを悟らない集団と一度失敗したら次には修正して臨む集団とでは結果が自ずと違ってくる。高度な情報伝達手段があれば、未体験のことに対しても有効な対応策をとることができる。

こうした「認知能力」の格差が生存と滅亡の大きな分岐点になったことは十分ありえる。一世代で生じる格差はわずかでも、それが積もり積もれば、どんなに足掻こうとも決して埋められない溝が生じたであろうから。であれば、生存競争に敗れ、滅びるのは避けられないことであった。

ネアンデルタール人は言葉を話せる条件が備わっていた

●言語能力に関する遺伝子「FOXP2」があるか

ホモ・ハイデルベルゲンシスはネアンデルタール人とホモ・サピエンスの共通の祖先である。脳容量が1100〜1400ccもあり、発声器官の発達具合もホモ・サピエンスの状態に近づいている。それはこの種が言葉を話した可能性を示唆している。

「餌がある」とか「逃げろ」といった簡単な意思の伝達であれば鳴き声で用は足り、チンパンジーの鳴き声などはその一例である。しかし、鳴き声による意思の伝達はカラスやネコにも見られる行為で、それと言葉との間には大きな差がある。ホモ・ハイデルベルゲンシスに言葉を話せた可能性があるというのはあくまで理論上で、条件が整っていたからといって、それを活用したとは限らない。

それではホモ・ハイデルベルゲンシスから進化したネアンデルタール人はどうだったのか。

ネアンデルタール人の脳容量は平均1550ccに及び、1700cc以上の個体も少なくない。脳の大きさが知能指数に比例するとは限らないが、無関係とも言い切れない。脳容量の増大は何かしら日常行動に影響を与えたに違いない。

果たしてこれまでの調査研究の結果、ネアンデルタール人には言語能力に関係する「FOXP2」という遺伝子が備わっていたことがわかっている。しかもホモ・サピエンスとまったく同タイプのものである。

さらに喉のところにある舌骨というU字形をした骨もホモ・サピエンスのそれとそっくりで、声を出すときに胸部の筋肉や呼吸を制御する脊髄も胸のところで大きくなっているから、ネアンデルタール人は形状の上でも言葉を話す機能が備わっていたことがわかっている。

●意思疎通ができなかったネアンデルタール人

だが、学習や記憶、意思疎通の能力といった認知能力の点でネアンデルタール人はホモ・サピエンスより大きく劣っていた。脳の容量ではホモ・サピエンスに引けを取らなくても、発達の具合に違いがあり、声らしきものを発することはできても、それで意思を疎通させせ

ネアンデルタール人の復元（国立科学博物館展示）

るまでには至らなかった。ネアンデルタール人は言葉を話せなかったというのが、現時点での大方の見方である。

このことはネアンデルタール人が種としてホモ・サピエンスに劣っていたというわけではない。ネアンデルタール人が認知以外の方面にエネルギーを割き、何らかの点でホモ・サピエンスに優っていたということである。それが何かはわからないが、ネアンデルタール人も厳しい生存競争のなかを、6万5000年もの長きにわたり地球を闊歩した種である。生き延びるのに有利な特徴を何かしら有していたと考えるのが自然というもの。断じて侮ってはならない者たちであった。

例として仲間の介護を挙げておこう。ドマニシ原人の化石からは、歯が一本だけになってなお数年生き永らえた個体の存在が確認されている。誰かが流動食やそれに近いものを食べさせていたことは確かで、彼らには弱者に対する労わりの心があったことをうかがえる。

ネアンデルタール人の血はわれわれにも残っていた

●一対一の能力ではネアンデルタール人に軍配

10万年前には少なくとも6種いた人類種が1万3000年前にはホモ・サピエンス一種を残すのみとなっていた。その他の種はなぜ消えてしまったのか。絶滅させられたのか同化吸収されたのか。

絶滅の場合、ホモ・サピエンスによる大虐殺の犠牲になった可能性もなくはないが、それよりも自然淘汰された可能性のほうが高い。出産する子供の数で劣っていたとか、食料の獲得競争に敗れたといったものである。

ネアンデルタール人は総じてホモ・サピエンスより身体が大きく、しかも頑丈だった。一対一の闘いで負けることはないが、集団での闘いとなれば立場は逆転する。協力的な社会関係を築くという点ではホモ・サピエンスが勝っていたため、集団対集団の闘いとなれば、ネアンデルタール人に勝ち目はなかった。

だが、これはあくまで一つの説にすぎず、狩猟の技術の点でネアンデルタール人がホモ・サピエンスに劣っていたこともまた事実である。狩りをすればいつもホモ・サピエンスに先を越される。ネアンデルタール人では仕留められない大型獣が相手でも、集団での連携に慣れたホモ・サピエンスであれば仕留められる。狩りの獲物があるかないかの差は途方もなく大きくて、直接対決をするまでもなく、食料不足に陥ったネアンデルタール人が自然淘汰されていった可能性は十分にありえるのだ。

●後世に遺伝子を残したネアンデルタール人

けれども、ネアンデルタール人は完全に滅ぼされたわけではなく、少数ながらホモ・サピエンスと交配して、後世に遺伝子を残した者も存在した。

よくよく考えてみれば、ホモ・サピエンスとネアンデルタール人は共通の祖先をもち、人類学上も同じヒト科に属している。男女の交配により子孫をもうけることは可能だった。人類は初期猿人の段階ですでに発情期はなく、年間を通して妊娠が可能であった。会話は成り立たなくともオスとメスのやることはいつも同じ。だとすれば、問題は何もなかったと考えられる。

想像の域を出なかった交配の有無は、2010年に公表された化石中の核DNA解析によって証明された。それによると、サハラ砂漠以南のアフリカ人にはネアンデルタール人の遺伝子が皆無だが、アジア人にはネアンデルタール人の遺伝子が約2パーセント、ヨーロッパ人には最大で4パーセント含まれていることがわかったのである。

以上をまとめると、最盛期には西はスペインのジブラルタル海峡から東はシベリアのアルタイ山脈まで拡散したネアンデルタール人は数万年の歳月を経て、ホモ・サピエンスに取って代わられたが、根絶やしにされたわけではなく、交配という手段によりわずかながら後世に遺伝子を伝えたということになろう。

交配が行なわれた場所は中東で、時期は6万年前～5万年前と推測されるが、奇しくもそれはホモ・サピエンスが精巧な道具を使い、ゾウやシカなど日常的に大型哺乳類を狩るようになった時期と符合している。

人類は150万年前から「火の使用」を選んだ

●危険が多かった肉の生食

人類が火を使い始めたのは150万年前のことで、当事者は原人のホモ・エレクトゥスと考えられる。

発火技術まで有していたかどうか明らかではないが、それで暖を取り、肉食獣を追い払い、調理をしていたことは間違いない。

火の効用を知ってから、火を自分たちで起こせるようになるまで、どれだけの歳月を要したかはわからない。当初は自然発火した火を持ち帰り、寝ずの番をつけるなどして大切に保管していたのだろう。

火による調理を覚えたのも偶然の産物だと考えられる。山火事の跡から掘り出した動物の肉が思いもよらず美味だった。それで味をしめ、調理をして食べるようになったのではないか。

火をいつでも使えるようになるまで、人類は肉でも何でも生で食べていた。大きく硬いものは砕いて小さくしていただろうが、肉は小さく切るのが関の山で、熱を通すことなく食べていたはずである。

肉には豚肉のように寄生虫のいるものもあれば、腐りやすいものもある。

そのため肉の生食は危険が伴い、お腹を壊す程度で済めばよいが、最悪死に至る場合もある。

●火は強力な武器にもなった

火による調理は中毒の問題を解決させただけでなく、多くの副次的効果ももたらした。食べられるものの範囲が広がったのはもちろん、噛むのが楽になったことで、食事にかける時間と消化にかかる時間を大幅に短縮できるようになった。

硬くて避けてきたもの、細かく噛み砕くまでに時間がかかっていたものも楽々食べられるようになったのである。その結果、人類の臼歯はさらに小型化し、腸も目立って短くなった。

別の言い方をすれば、多くの時間を食事以外のことに割くことができるようになり、また、大きな臼歯と長い腸の維持に費やしていたエネルギーを他にまわすことができるようになった。

他とはすなわち脳である。これもまた人類の進化を物語る大いなる一歩だった。

肉食獣に限らず、動物全般が熱い火を恐れることも偶然に悟ったのだろう。それまでは肉食獣相手に棒切れを振りまわすくらいしか抵抗する術を知らなかった人類が、火という武器を手に入れたことも非常に大きな意味を持っていた。

われわれの祖先の脅威であった肉食獣のなかでもっとも巨大だったのは、ネコ科のスミロドン、俗に言うサーベルタイガー（剣歯虎）だった。

体長は現在のライオンと同程度ながら、異常なまでに長い犬歯を有していた。これとて火のついた棒を手に集団で立ち向かえば、追い払うことができたのではなかろうか。

火はわれわれの祖先が最初に手にした強力な兵器でもあったのである。

「石器の発明」が人類を食物連鎖の頂点に近づけた

●旧石器時代の道具「オルドワン石器」

人類が最初に使用した道具は石器である。初期猿人も肉食獣から身を守るため棒切れを振りまわすくらいはしたであろうが、それは道具と言えない。とっさに手にしたのが棒切れであったにすぎないからだ。

原人から旧人の時代は旧石器時代とも呼ばれる。磨製石器が登場する以前の打製石器の時代で、それはまた拳と同程度の大きさに砕いた「オルドワン石器」と鋭利な形に加工された「アシュール石器」からなり、オルドワン石器の使用が始まったのは260万年前の東アフリカだった。

それまでも石を使用することはあったろうが、それはあくまで自然石で、石器とは呼べない代物である。手で握れる石を探すのではなく、石と石をぶつけることによって手で握れるサイズの石を作る。

この発想の転換は言うほど簡単ではなく、それを成し遂げた原人のホモ・ハビリスは脳の一部が相当発達していたと考えられ、「器用な」を意味するハビリスの名を冠せられたのも納得がいく。

完成品をイメージしながら作った可能性は低く、多分に成り行き任せだったようではあるが、オルドワン石器作りの実証実験を行なった研究者によれば、それを補うため石選びに多大な時間と労力が費やされたに違いないという。

その形状からして、オルドワン石器は主に叩く、殴る、打つといった作業に使われたようである。硬い木の実を割るのにも使用されたであろうが、その行為自体はチンパンジーにもできる。

しかし、手ごろな石器を作り、効率よく作業を進めることは現在のチンパンジーにはできず、そこが人類とチンパンジーを分かつ大きな違いでもある。

いっぽうのアシュール石器が登場したのは約175万年前のことで、場所はやはり東アフリカ。当事者は同じく原人のホモ・エレクトゥスだった。

こちらは表裏ともに加工され、涙の滴のような尖った形状をしているため、切る、削る、掘るなどの作業も可能だった。

すなわち、骨髄をすするために肉食獣の食べ残した骨を削ることはもちろん、自然死した動物の死骸を解体するのにも、根茎を掘り出すためのシャベル代わりにも使用できたのである。

かくして石器の用途は格段に広がったわけだが、石器の発明を促した要因はどこにあるのか。

●石器の発明をつき動かしたものとは

一番に考えられるのが「欲」である。肉の美味しさに目覚め、毎日でも食べたい。そのためにはオルドワン石器では物足りず、鋭利な石器が必要とされた。知恵を絞り、試行錯誤を繰り返した結果、生まれたのがアシュール石器だったのだろう。

アシュール石器の発明は脳の発達を促しただけでなく、直立二足歩行の隠れた利点を活かす機会をも生み出した。

長距離走行がそれで、単距離走行では勝負にならない草食動物相手でも、長距離走行なら勝てる。しつこく追いかけ続ければ、四足動物の体力が先に尽きる。それを仕留め、ライオンやハイエナが来る前に素早く解体して持ち帰る。アシュール石器の発明は人類の栄養状態を大幅に改善させたのだった。

本格的な狩りを始めたのは旧人のホモ・ハイデルベルゲンシスのようで、彼らは木槍や初歩的な石槍も使用していた。木の枝に切り込みを入れたところに石器を挟み、紐で固定するという初歩的なものでだが、オルドワン石器の頃と比べれば大きな進歩である。これまた欲望のなせる業だったに違いない。

人類の肉への欲望はとどまるところを知らず、同じく旧人のネアンデルタール人の段階には天然の樹脂を接着剤として使用した高度な石槍を発明しており、これであれば突くだけでなく、投げて突き刺すという行為も可能だったはずである。狩りの成功率はさらにあがり、飛ぶ鳥をも仕留められるようになった。

人類が食物連鎖の頂点に立つ日はもう目前だった。

栄養バランスに優れていた狩猟採集生活

●食事制限とは無縁な社会

現在、先進国と新興国では生活習慣病が大きな社会問題と化し、ダイエットや糖質制限が強く叫ばれている。

生活習慣病の代表格である糖尿病は「贅沢病」と呼ばれた時期もある。栄養価が高く、かつ味の濃い食事を連日摂っていれば、健康を害するのは当然のこと。運動量の絶対的な不足が重なればなおさらである。

それでは人類が狩猟採集生活を送っていた旧人段階まではどうかと言えば、平均寿命こそ短いものの、それは乳幼児の死亡率が高かったからで、それを除けば平均寿命は意外に高く、60歳以上の長生きをする者も少なくなかった。

狩猟採集に頼る生活であれば、一日の歩行距離はかなりになる。危険性を感じるのは肉食獣と遭遇したときか悪天候が続いたときくらいで、対人関係でのストレスは皆無だったのではなかろうか。

自然災害による打撃も農耕社会ほどではなく、疫病が蔓延した痕跡も見られない。

それはいまだ定住生活も一か所に密集することもしていなかったために感染が防げたからだろうが、現生人類とは比較にならない免疫力を頑健な肉体に宿していたことも考えられる。

●狩猟採集生活のメリット、デメリット

食べ物に関して言えば、いまのように炭水化物を摂取することは極めて少なく、その日手に入れたものを食べるということを繰り返していた。狩りの獲物があれば肉にありつけるが、そうでない日は木の実や果物、根茎、昆虫などで済ます。カエルなどの小動物やハチの巣などで済ます日もあっただろう。

すなわち、狩猟採集生活には主食がなく、多様な栄養素を口に入れることで空腹を満たしていた。適度な運動とバランスのよい食事だったのである。

太陽が沈めばあとは眠るだけであっただろうから、休養も十分。狩猟採集生活は意外にも健康的だったのだ。

ただし、手放しで称えてばかりではいられない。狩猟採集生活が万能であれば、現在でもなお社会生活の大半を狩りに費やしていたはずで、現実にはホモ・サピエンスの時代になって農耕社会に取って代わられた。

狩猟採集生活が農耕社会に取って代わられたのは生存競争に敗れたからで、歴史の必然でもあったのかもしれない。だが、そうであっても進化と呼んでよいかどうかには疑問が残る。

現在の世界では食うや食わずの生活を送る人びとが10数億人を超えるいっぽうで、肥満と認定され、食事制限を強いられている人びとがそれ以上を数える。狩猟採集生活がメインであった時代には考えられないことで、この一事をもってしても、人類の進化とは何かということを改めて考えさせられる。

コンパクトな脳と身体を選んだ種が生き残った

●体格の良さと脳の発達はエネルギーの浪費を招いた

粗食に慣れた種ではなく、肉という美食に走った種が生き残った。これについては先にも触れたが、人類の進化が一直線に進まなかったことは身体や脳の大きさからもうかがうことが可能で、ホモ・サピエンスとネアンデルタール人の関係において顕著に表われた。

中東からヨーロッパへと生活圏を拡散させていったネアンデルタール人はホモ・サピエンスよりも身長が高く、身体も頑丈で、脳容量もわずかながら上まわっていた。それにもかかわらず、ネアンデルタール人はホモ・サピエンスに取って代わられてしまった。その要因はどこにあったのか。

ここで鍵となるのがドイツの生物学者ヴィルヘルム・ルーにより提起された「ルーの法則」で、山崎昶編、朝倉書店刊の『法則の辞典』には、「筋肉は使わずにいるとしだいに細くなり萎縮を起こす、いっぽう、適度に使用していると太くなり肥大する、過度に使いすぎると障害を起こして戻らなくなる」とあり、遠藤謙一編、東京堂出版刊の『知っておきたい法則の事典』には、「身体（筋肉）の機能は適度に使うと発達し、使わなければ委縮（退化）し、過度に使えば障害をおこす」とある。要は、「生物には必要最小限の材料を使って、最大限の効果が得られるように形作られるという適応戦略が働く」ということを意味している。

この法則からすると、ネアンデルタール人の身体は燃費の悪い大型車のようであった。安静時でもホモ・サピエンスの1・2倍〜1・5倍のエネルギーを消費し、それだけ多くの食料を口にし、狩猟採集にもそれだけ多くの時間を費やさねばならなかった。ホモ・サピエンスと生活圏がまったく異なり、競合関係になければまだしも、同じ地域で共存するようになったとき、ネアンデルタール人の絶対的な不利は避けられなかった。

●燃費の良さがもたらしたものとは

相対的に燃費のよいホモ・サピエンスには暇な時間が生じ、それを知的活動にあて、脳容量は同じでも、潜在的能力を引き出すことにつながった。石槍を発射する投槍器を発明したかと思えば、協力的な社会関係を築くといったようなことだ。ちなみにラテン語で「暇」

を意味するスコレーという単語から「学校」を意味するスクールという英単語が生まれたのも、このことと関係する。

同じ石槍でも、単に突くか人力で投げるよりも、投槍器を使ったほうが格段に威力を増す。飛距離にも大きな差がつくことから、一対一での接近戦はともかく、集団同士の闘いにおいて、ホモ・サピエンスの優位は動かないものとなり、ネアンデルタール人は食料の争奪戦でも直接の武力対決でも、ホモ・サピエンスの敵ではなくなってしまったのだった。

以上をまとめると、人類は旧人段階までは脳容量の大きさが、旧人以降では燃費の良さが運命を分かつことになったのだった。当事者に選択肢が示されていたわけではないが、結果としてみれば、美食に走り、脳を効率よく働かせられるようになった集団が生き残ったのだった。

3章 ホモ・サピエンスのグレートジャーニー

第三の選択

「大陸に残る」か「海を渡る」か

原人の範囲を超え、世界五大陸にまで拡散したホモ・サピエンス。陸地が途絶えたとき、あえて海を渡るかどうかも大きな選択だった。家族を伴っての渡海は気安く実行できることではなく、そうせざるをえない事情があったはずである。現状に満足して残留するか、あくまで新天地を求めるかの選択は、人類の歴史に常につきまとっていた。

環境に身体を変化させるか、環境をやわらげる知恵を使うか

●環境によって身体のつくりは違った

現在の人類の体形を見ると、北欧の人びとは全体に身長が高い。南太平洋の住民も身体は大きいが身長はそうでもなく、全体に肥満傾向にある。これらの違いは気候によるものなのか。

アフリカから中東、そこからさらにヨーロッパの北西部にまで拡散したホモ・ハイデルベルゲンシスを例にみると、彼らはもともと頑健な体格をしていたが、中央アフリカや中東よりはるかに寒冷なヨーロッパ北西部にまで至った集団は、厳しい寒さに耐えるため、胴体は太く、腕や脚は短くなることとなった。

末端を短くすることで体熱の放散を少なくするためで、太ももの長さと太さはそのままでも、脛《すね》は短くなる傾向が見られた。

つまり、寒冷地で生きていくためには熱が放出しにくい体形になる必要があったわけで、

この傾向はネアンデルタール人になるとさらに顕著となる。

なぜかと言えば、身体が大きいほど熱を体内に溜め込みやすく、体外に放出しにくくなるからである。

この法則は発見者であるドイツの動物学者の名をとって、「ベルクマンの法則」と呼ばれている。

同じように、寒冷地に生活する定温動物ほど身体の末端器官が小さくなるという法則は、「アレンの法則」と呼ばれている。

●寒冷地の厳しさをやわらげる知恵

気温の高い地域では逆に熱を絶えず放出する必要があり、それに適応するため身体が小さくなった。

縦に延びなくても横幅が広くなっては元も子もないよう思えるが、それは糖分を多く含む食べ物が豊富にあるからであって、「ベルクマンの法則」や「アレンの法則」とは別次元の話になる。

体表面積を広げるには身体のサイズを大きくするほかに、凹凸を増やすという方法もある。平たい顔面より凹凸のはっきりした顔面のほうが表面積は増えるわけで、それは目鼻立ちがくっきりすることを意味していた。

アフリカから中東へ、そこから寒冷地帯に拡散したホモ・サピエンスも同じ環境に遭遇したが、彼らの進化は少し違っていた。

寒冷地適応はするものの、それに対して完全に身を任せることなく、火の有効活用や防寒着の開発といった知恵を駆使することで寒さに挑んだ。身体の環境適応はほどほどにして、工夫をすることで環境を変える道を選んだ。

それがネアンデルタール人とホモ・サピエンスの運命を分かつ一つの要因ともなったのだった。

環境がつくった「人種の違い」

●体毛が抜け落ちてから生じた人種の違い

ホモ・ハイデルベルゲンシスは80万年前から20万年前にかけ生息した。アフリカから中東に出て、そこからヨーロッパへ移動した集団だが、現在と数十年前では気候が大きく異なるとはいえ、北半球では緯度が高くなるほど、すなわち北へいくほど寒冷になる点は変わらなかった。

ヨーロッパ大陸北部の冬は曇天が多く、日差しが少ない。まだ色黒であった彼らはそこで恐るべき体験をする。幼児を中心に歯の成長が遅く、成長してからも歩行に困難をきたすほど骨に異常のある子供が多く現われたのである。

彼らには知る由もなかったが、これはビタミンDの不足に起因する「クル病」という病気だった。ビタミンDは食べ物からも吸収できるが、その量は少なく、多く摂取したいのであれば日光浴をするしかなかった。日光や紫外線には皮膚の中でのビタミンDの合成を促進する作用があるためである。

だが、そんな自然界の仕組みを知らないホモ・ハイデルベルゲンシスは別の方法を選んだ。人類は潜在的にメラニン色素を有していたが、それが多すぎると紫外線の摂取が妨げられ、ビタミンDの生成が妨げられる。そのため環境適応の道を選んだホモ・ハイデルベルゲンシスの皮膚ではメラニン色素の量が低下。結果として肌が白くなったのだった。

唇の色や形状もこれに付随することらしい。つまり、人種の違いは環境の相違により生まれたわけで、黄色人種とて例外ではない。

●人類の肌は黒色から始まった

初期猿人や猿人の肌がどのような色をしていたかわからない。人類誕生の地が赤道に近い中央アフリカであれば黒色と考えてしまいがちだが、その段階の人類はまだ全身体毛で覆われていた。

体毛が抜け落ちたのは原人のホモ・エレクトゥスの段階と考えられる。直立二足歩行が完成して、草原を疾駆できるようになった彼らは多量の汗をかくようになった。汗をかけば当然体温が上がる。体温を平常値に戻すには汗を蒸発させる必要があったが、体毛があったのではその妨げとなる。そのためホモ・エレクトゥスの体毛は見た目ではわからないくらい細かく短くなったのだ。

以上については物証がなく、仮説の域を出ないが、遺伝的な研究から、ホモ・エレクトゥスの肌が黒くなったのが約120万年前のことと推測されることから、時期的に符合する。人類の肌は黒色に始まるということである。

肌の色の変化は唇の形状とも関係する。人類誕生以前の四足歩行をしている段階では性器が常に丸見えだった。ところが、直立二足歩行に移行してからは、はっきりとは見えにくくなった。そこで必要になったのが擬態で、擬態とは別のものの様子に似せることを言う。われわれの祖先の場合、唇がその役目を果たし、黒人の場合はそれを目立たせるために厚く、白人の場合は赤さが目立つため、薄いほうがよくなった。これまた仮説の域を出ないが、非常にユニークな見方と言える。

アフリカに留まっていた人種が進化した

●なぜアフリカで誕生したのか

原人はアフリカからユーラシア大陸のほぼ全域に拡散し、それぞれの地で独自にホモ・サピエンスに進化したという、「多地域進化説」が支持されたこともあったが、現在では完全に否定されている。

アフリカで誕生したホモ・サピエンスが世界五大陸に拡散して、先住の原人や旧人を圧倒、同化吸収したとする「アフリカ単一起源説」が定説と化している。

なぜまたアフリカなのかというもっとも大事な点に関しては、定説と言えるほどのものは提示されていないが、一つの可能性として、早くにアフリカを出た原人たちが遺伝子的に未熟で、進化に適さなかった可能性が挙げられる。

ネアンデルタール人は例外的な存在で、その他の種では画期的な進化は見られなかった。アフリカという人類揺籃《ようらん》の地でじっくり熟成した種のみが進化に適したとする考え方である。

あるいは、原人や旧人の絶対数がわれわれの想像するほどには多くなく、人口密度でいえば、アフリカが断トツだったことも考えられる。絶対数が多ければ、それだけ進化の起きる可能性も高くなる。

アフリカに何か神秘のパワーが秘められていたのではなく、要は人口の問題。アフリカでホモ・サピエンスが誕生したのは確率の上で必然だったということである。

●ホモ・サピエンスは30万年前に誕生していた？

原人が誕生したのは約２５０万年前で、そのまた一部が新人すなわちホモ・サピエンスに進化したのは19～16万年前のこと。だが、この定説を覆すかもしれない論文が２０１７年に科学誌『ネイチャー』で発表された。

論文を発表したのはドイツのマックス・プランク進化人類学研究所に勤務する古人類学者ジャック・ユブラン氏らで、彼の率いる研究チームはアフリカ大陸西北端のモロッコのサバンナ地帯で、約30万年前の人類化石を発見。それをホモ・サピエンスのものと断定したのである。

発見されたのは、ジェベル・イルード遺跡からで、下顎骨《かがくこつ》と脳を覆う頭蓋《とうがい》の一部、および石器、焚火の跡で、その頭蓋は現生人類のものほど丸くはなく、もっと細長いが、歯は現生人類とよく似ているとしている。頭蓋の形状の違いについてユブラン氏は「現生人類らしい特徴は一度に進化してきたわけではなかったのだろう」との見解を示した。それに対して米ジョージ・ワシントン大学の古人類学者バーナード・ウッド氏は、「アフリカの他の地域で現生人類の化石証拠が発見されたことも、それより古い時代のものだったことも、何ら不思議ではありません」としながら、「現生人類の形態や行動のさまざまな部分は、徐々に現われてきたのでしょう」と説明している。ちなみにウッド氏はユブラン氏の調査にも研究にも参加していない第三者である。

彼らの説が正しければ、従来の古い化石人骨はアフリカの東部と南部に集中していたが、それは他地域の発掘件数が少なかったためで、実際にはアフリカ全土で人類の進化が起きていたということになる。

ユブラン氏は、発見された化石からわれわれの顔立ちに似ているとして「彼らは地下鉄ですれ違っても違和感がないような顔をしていました」と語るなど、自身の調査と研究に満足の意を示しているが、彼の説に異を唱える研究者も少なくない。

その代表格が米ウィスコンシン大学マディソン校の古人類学者ジョン・ホークス氏で、彼は今回の論文の著者らがジェベル・イルードの化石がホモ・サピエンスに属していると主張すること自体に疑問を呈し、「彼らの論文は行き過ぎだと思います。彼らは、私が一度も見たことのない『初期現生人類』というカテゴリーを作って、ホモ・サピエンスの概念を再定義しています」と語っている。

ただしホークス氏はユブラン氏の調査研究を全面否定しているわけではなく、ジェベル・イルードの化石の主がホモ・サピエンスへの進化途上にあることは認めており、両氏の溝は何をもってホモ・サピエンスとするかの定義にあると言ってもよい。

今後、研究者間の議論が活発化し、一般の人びとでも理解可能な定説が提起されることを期待したい。

「移動」と「定住」の2つの選択が常にあった

●唯一の人類種になったのは約1万3000年前

ホモ・ハイデルベルゲンシスの一部がアフリカの外に出たのはおよそ40万年前のことだった。そのなかの一部は西へ進路をとり、ヨーロッパへ移住。そこから進化しておよそ10万年前に姿を表わしたのがネアンデルタール人だった。

ホモ・サピエンスがアフリカで誕生したのはネアンデルタール人の誕生より前のことで、最初にアフリカの外に出たのは8万年前のこと。だが、このときの移住はあまり進展せず、中東の一部地域にまでしか及ばなかった。気候の寒冷化が彼らの前進を阻んだのだと思われる。

移動が再開されたのは急激な温暖化の進んだ4万7000年前のことで、それからのホモ・サピエンスは世界五大陸にあまねく拡散し、地球上で唯一の人類種になったのは約1万3000年前のことだった。

●ホモ・サピエンスが移動した理由は「内部抗争」だったのか

人類誕生から原人の出アフリカまでに500万年の歳月を要したことと比べると、誕生からわずか10万年で出アフリカを果たし、17万年で世界五大陸すべてに拡散したホモ・サピエンスの世界進出は超高速と言ってもよい。

なぜ迅速に進んだのか。また、なぜ移動を繰り返す必要があったのか。

定住生活など思いもよらず、移動を重ねるのが当たり前の習慣だった可能性はある。狩猟採集生活を送っていたならば、付近で食べ物が入手できなくなった場合、新天地を目指すのは至極自然な成り行きでもある。

だが、行ったり来たりではなく、新天地開拓に邁進するとなれば話は別である。限られた範囲内で定期的な移動を繰り返す集団とその枠にとどまらない集団との分岐が生じたと考えるのがよいだろう。

分岐が生じた理由としては、自然災害の影響か、または共倒れを避けるためというのが妥当だろう。狩猟採集生活は栄養バランスに優れていても、それは食べ物が十分ある場合に限られる。食べ物が足りなければ、内部抗争を避けるためには集団を分けるしかない。留まる者と去る者。ホモ・サピエンスの移動とはその実、これの繰り返しだったのではなかろうか。

未知の土地がある限り、移動を続ける。その結果、1万3000年前には五大陸すべてに拡散し、それぞれに独自の進化を遂げた。おおかたそんなところだろう。

ヨーロッパでネアンデルタール人が姿を消したのは3万5000年前のこと。最後まで残っていたインドネシアのホモ・フロレシエンシスも1万3000年前に姿を消した。肉食獣の脅威は残ったが、それを除けば、ホモ・サピエンスにとって目に見える脅威はすっかりいなくなった。

時を前後して最終氷期が終わり、西アジアを初めとして農耕生活への移行が開始される。それはホモ・サピエンスがやむことなき移動に疲れ、別の生活形態を模索し始めた時期とも重なる。偶然とは恐ろしいものである。

なぜ「大陸に残る」のではなく「海を渡る」を選んだか

●女子供を連れた移動

かつて原人がアフリカから出たときと同じく、ホモ・サピエンスの場合も、アフリカから西アジアへ出るのにどのルートを利用したのかが論争の的となり、これもまたシナイ半島説と「嘆きの門」通過説の二つが提起されている。

現在より狭かったとはいえ、紅海とペルシア湾（アラビア湾）をどのようにして渡ったかも見解の分かれるところである。

子孫を残すためには女子供を連れて移動しなくてはならないため、泳いで渡ったとする説は問題外である。そうなれば、舟を利用したと考えざるをえないが、まだ初歩的な帆掛け舟か、あったとすれば手漕ぎの丸木舟のみ。

西アジアから西、北、東の三方向への移動が進展したが、このなかでもっとも重要なのは東方向である。西アジアからインド亜大陸、東南アジアへは陸路を進んだに違いなく、移動手段は徒歩しかなかった。途中にはインダス川やガンジス川、4000〜5000メートル級の高山が連なっていたはずだが、彼らの移動は止むことがなかった。内輪での殺し合いを避けるにはやはり、残る者と去る者に枝分かれする必要があったのだろう。その際、脚力の衰えた高齢者は残留を選ぶか殺されるかだったに違いない。

●海峡はどう渡ったのか

ユーラシア大陸の隅々にまであまねく拡散してからも移動の波は止まらず、その足跡はアメリカ大陸とオセアニア大陸にも及んだ。

アジア大陸とアメリカ大陸の間には太平洋が広がり、もっとも距離の狭いのはシベリア北東端のチュコト半島と北米のアラスカ間だが、そこにはベーリング海峡が立ちはだかっている。だが、その海は氷河期のなかでも特に寒い時期には凍結してベリンジアと呼ばれる陸橋をなし、歩いて渡ることができた。もっとも近い時期では2万5000年前〜1万4000年前がそれにあたり、ホモ・サピエンスはその間にアメリカ大陸に渡ったものと考えられる。

ただし、アラスカからの南下経路と手段を巡っては論争がある。現在までのところ、アメリカ大陸でのホモ・サピエンス最古の居住地は南米チリ南部のモンテ・ヴェルデ遺跡であって、北中米からはそれより古い遺跡が見つかっていない。単に発見に至っていないだけなのか、年代推定に誤りがある可能性もあるが、そのどちらでもないとしたら、アラスカに上陸したホモ・サピエンスは北中米を飛ばして一気に南米に到達したことになる。それには舟を使うしかないのだが、果たして手漕ぎの丸木舟か初歩的な帆掛け舟で長距離の移動が可能だったのか。

海岸沿いに休み休み行けば可能かもしれないが、なぜ一気に南米まで行く必要があったのか。それより北に温暖で住やすいところがあったと思われるのだが。この点についての解明も、今後の発掘の進展や研究の深化を待つしかなさそうだ。

オセアニア大陸への移動も東南アジアから手漕ぎの丸木舟か初歩的な帆掛け舟を使って行なわれたと考えられる。およそ3万年前のことで、当時と現在では海面の高さがかなり異なり、かなり南まで陸続きだった。海を渡る必要があった距離は思いのほか短かったが、それでも命がけの冒険であることに変わりなかった。

アジア大陸から日本列島に海を渡った人びととは

アジア大陸と日本列島は日本海によって分かたれている。氷河期には樺太（サハリン）と北海道、朝鮮半島と九州が陸続きであったことがわかっているが、ホモ・サピエンスの渡来がその時期に行われたとの確証はない。ゾウに関しては物証が出ているが、該当時期の化石人骨は見つかっていないからだ。

ただし、約4万年前のものと考えられる石器が見つかっているから、ホモ・サピエンスの日本への渡来がその頃に始まることは間違いない。

陸橋を渡ったのではないとすれば、やはり手漕ぎの丸木舟を利用したと考えるしかないが、たとえ対岸が視野に入るからとはいって、集団で海を越えるのは容易なことではない。海峡を渡る途中で天候が急変すれば、舟が転覆して全滅ということにもなりかねない。そんな危険を犯してまで、なぜ海峡を渡る者が現われたのか。

大陸に留まるか、海の向こうの新天地を目指すか。現在からみれば重大な決意が必要な行為に思えるが、われわれの祖先たちとっては、そう深刻な問題ではなかったのだろうか。

彼らを動かしたのは冒険心なのか、やむにやめられない事情からなのか。後者の場合はやはり、自然災害により強いられたか、内部抗争を回避するためということが考えられる。狩猟採集だけで食べていくには人口が多くなりすぎた。そこで集団を分ける必要が生じ、一方の集団が新天地を目指すべく海峡を渡ったということである。

事前に偵察を出すくらいのことはしたかもしれない。緑が多く鳥獣も多く生息することが確認され、少しは不安を解消したうえで大陸を後にした可能性である。

理由がどうあれ、海を渡るには相当の勇気がいる。必要に迫られての渡海であっても、陸路の移動よりはるかに危険度が高いからだ。

だが、そうした冒険に挑んだ人びとがいたからこそ、日本人の形成が緒に就いた。そのことは深く肝に銘じておかなければならない。

旧石器時代の日本列島にはどんな生き物がいたか

日本で言う旧石器時代はホモ・サピエンスが上陸してから縄文時代が始まるまでをさす。その時代、日本列島にはどんな動植物が生息していたのか。

これまでの発掘調査から、ナウマンゾウ、ヤギュウ、オーロックス、ヘラジカ、オオツノシカ、ヒグマなどの大型哺乳類が生息していたことがわかっている。

このうちナウマンゾウは体高2・5〜3メートル、体長4・5メートルほどで、マンモスの分布圏より南に生息した。華北や中国東北部、台湾でも発見されていることから、朝鮮半島から対馬、壱岐を経て渡ってきたものと考えられる。

ヤギュウはウシというよりバイソンの仲間で、ナウマンゾウと生息域が重なることから、同じルートを辿ったものと見てよいだろう。

いっぽう、ヘラジカやオオツノシカ、オーロックスなどはマンモスと生息域が重なることから、サハリン（樺太）を経て北海道に渡ってきたものと考えられる。

このうちオーロックスはヨーロッパの家畜牛の祖先にあたることから、原牛とも呼ばれる。森林地帯に小さな群れをつくって棲んでいたが、1627年のポーランドで絶滅が確認された。

それならばマンモスがいてもおかしくはないはずで、事実、北海道では少ないながらマンモスの化石が発見されている。数万年前までの北海道は現在よりかなり寒冷で、より豊かな森林が広がっていたのだろう。

植物に関しては、約2万6000年前には大雑把に、関東以西では針葉樹と広葉樹の混合林、東北地方から北海道南部には針葉樹林の分布していたことがわかっている。

大雑把にと断りを入れたのは緯度や高度による違いが大きいからで、山岳地帯の多い日本列島であればなおさら、植物化石の発掘が追い付かず、特定の時代と特定の場所にでも絞らない限り、正確に再現するのは不可能と言ってもよい。

4章

日本列島で初の文化を築いた縄文人

第四の選択 インドシナから先は「南」か「北」か

縄文人の故地は現在のインドネシアあたり。そこにはかつて、マレー半島から陸続きのスンダランドという大陸があった。そこから台湾まで来れば、後は黒潮が導いてくれるが、そこまでの航海は人力頼みで、命がけの行為であったに違いない。それでもあえて移住を選んだのはなぜなのか。本章はその問題を解く鍵でもある。

「南」に行くとアボリジニ、「北」へ海を渡ると縄文人になった

●その分岐点の地は「スンダランド」

日本列島で最初に文化を築いたのは縄文人である。彼らはいったいどこからやって来たのか。この重大なテーマに関しては形質人類学が専門の溝口優司氏の説を取り上げたく思う。

溝口氏によれば、縄文人の祖先はスンダランドにいた人びとだという。

スンダランドとは東南アジアのマレー半島、スマトラ島、ジャワ島、ボルネオ島などを併せた地域のことで、数万年前の氷河期には海面が現在よりかなり低かったため、陸続きになっていた。

ちなみにスンダランドの南には深い海峡を隔ててオーストラリアとニュージーランド、ニューギニア、タスマニア島などが陸続きのサフールランドという大陸が存在し、スンダランドからサフールランドへ渡るという選択肢もあった。

オーストラリアの先住民、アボリジニはその末裔で、フクロオオカミを除いては危険な

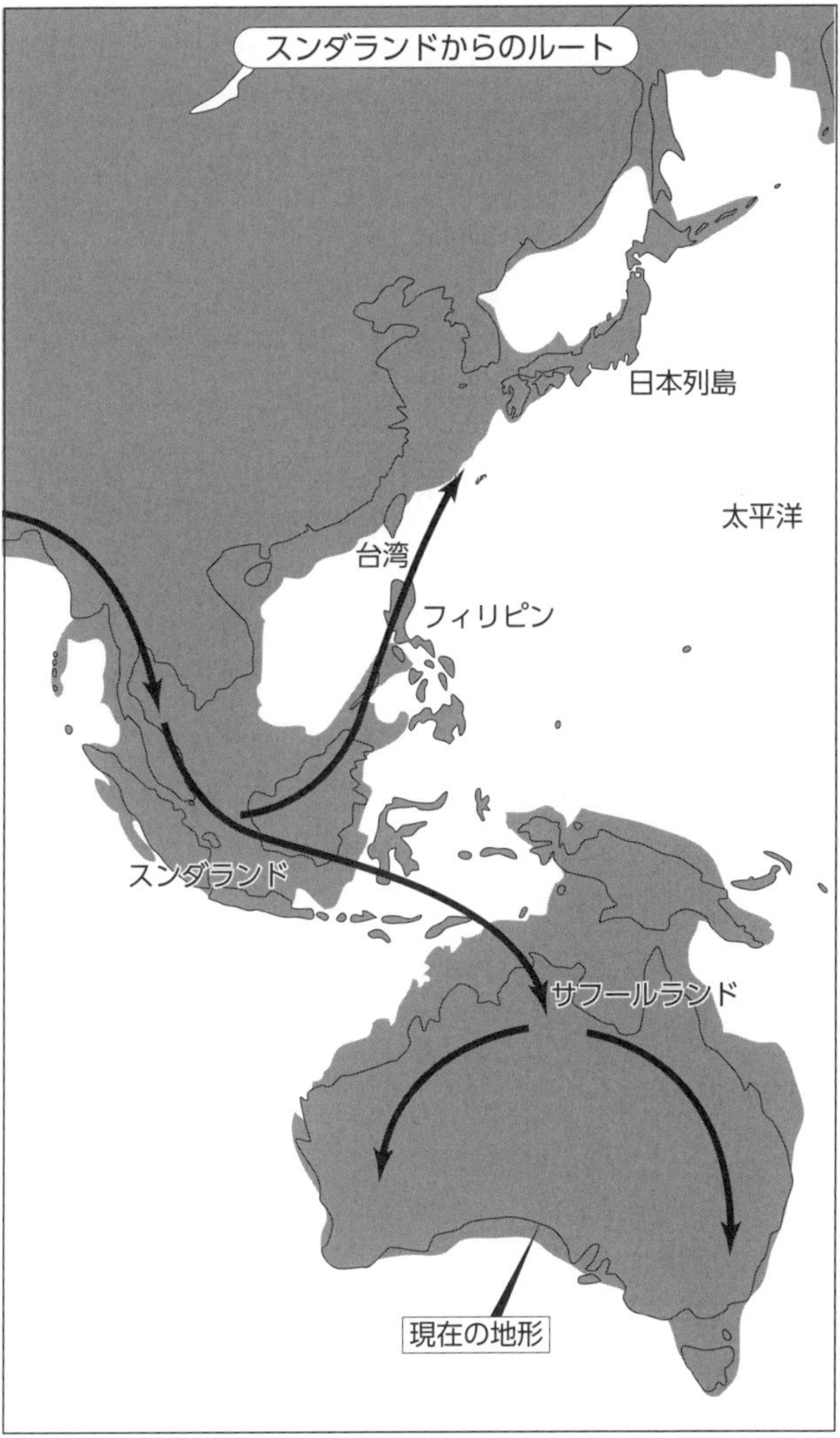
スンダランドからのルート
日本列島
太平洋
台湾
フィリピン
スンダランド
サフールランド
現在の地形

うか。

大型肉食獣のいなかったサフールランドは、安心して暮らせる楽園に思えたのではなかろうか。

スンダランドは気候や植生も悪くはなかったはずだが、南へ移動した集団がいたことは、分岐の必要が生じたことを意味している。西に向かえば、さらなる東進をやめて居残った人びと、すなわち先住者との間で衝突が避けられない。そうなれば残るは東か北のどちらかだが、東へ向かった集団がいたとしても、行けども行けども太平洋の海が広がるばかりで、陸地に到達することなく全滅したに違いない。

いっぽう、北へ向かった集団はフィリピン東方海上を抜けた後、うまい具合に台湾の東方沖で黒潮に乗り、沖縄や九州本土、四国、房総半島などの太平洋岸に到達したと思われる。途中で遭難しなければの話だが。

結果論になるが、スンダランドからの移動を望む者には南へ向かうか北へ向かうかという選択肢があった。選択の基準は不明ながら、どちらが吉であったとも判断しがたい。生きて新天地にたどり着けた割合がどれほどであったか皆目わからないからだ。距離でいえば南のほうが近いが、海底の深さが気になる。

距離は遠くても北の海路のほうが安全だった可能性もある。また北へ向かった集団にはフィリピンか台湾で移動をやめるという選択肢もあった。つまり選択肢の多さで言うなら、北への移動に軍配が挙げられる。

●日本列島から先は進めなかった?

縄文時代の始まりと終わりについては、始まりが1万3000年前頃で終わりが紀元前300年頃とする説と、始まりが1万5000年前で終わりが紀元前800年頃とする説がある。終わりのほうは弥生時代の始まりをどこに持ってくるかの違いによるものなので、縄文人の絶滅時期と解釈する必要はない。

スンダランドから日本列島への移動は長い年月をかけ、断続的に行なわれたはずで、強力な指導者のもと、一度に数千人、数万人の移動があったわけではない。紀元4世紀のヨーロッパを見舞ったゲルマン民族の大移動とはまったく様相の異なる移動が展開されたのだった。

しかも、縄文人たちは日本列島がゴールなどという気持ちもなかったはずである。太平洋がもっと狭く、アメリカ大陸が目に見える距離にあれば渡っていたに違いなく、日本列島がアジアの東のどんづまりに位置し、東には広大な海が広がるばかりと気づいたからこそ、日本列島に腰を落ち着けることに決めたのだろう。
日本列島に食べ物があまりある以上、あえて先住者のいる土地に乗り込んで戦いをする必要はない。無用な争いを避ける意味から、大陸に逆戻りする選択は思慮の外だったのだろう。
ちなみに、縄文時代は非常に長期に及ぶため一般的に次のように呼ぶ。
1万3000年前～1万2000年前までを草創期
1万2000年前～6000年前までを早期
6000年前～5000年前までを前期
5000年前～4000年前までを中期
4000年前～3000年前までを後期
3000年前～紀元前300年頃までを晩期
草創期には土器や石鏃の使用と定住化が始まり、早期には貝塚や集団墓地が形成され、前期には大規模集落、中期には環状集落が現われ、後期には環状列石を持つ墓地が発達、晩期には塩の生産が開始された。遅くとも晩期には稲作が始まっていたが、それは焼き畑による陸稲栽培だった。

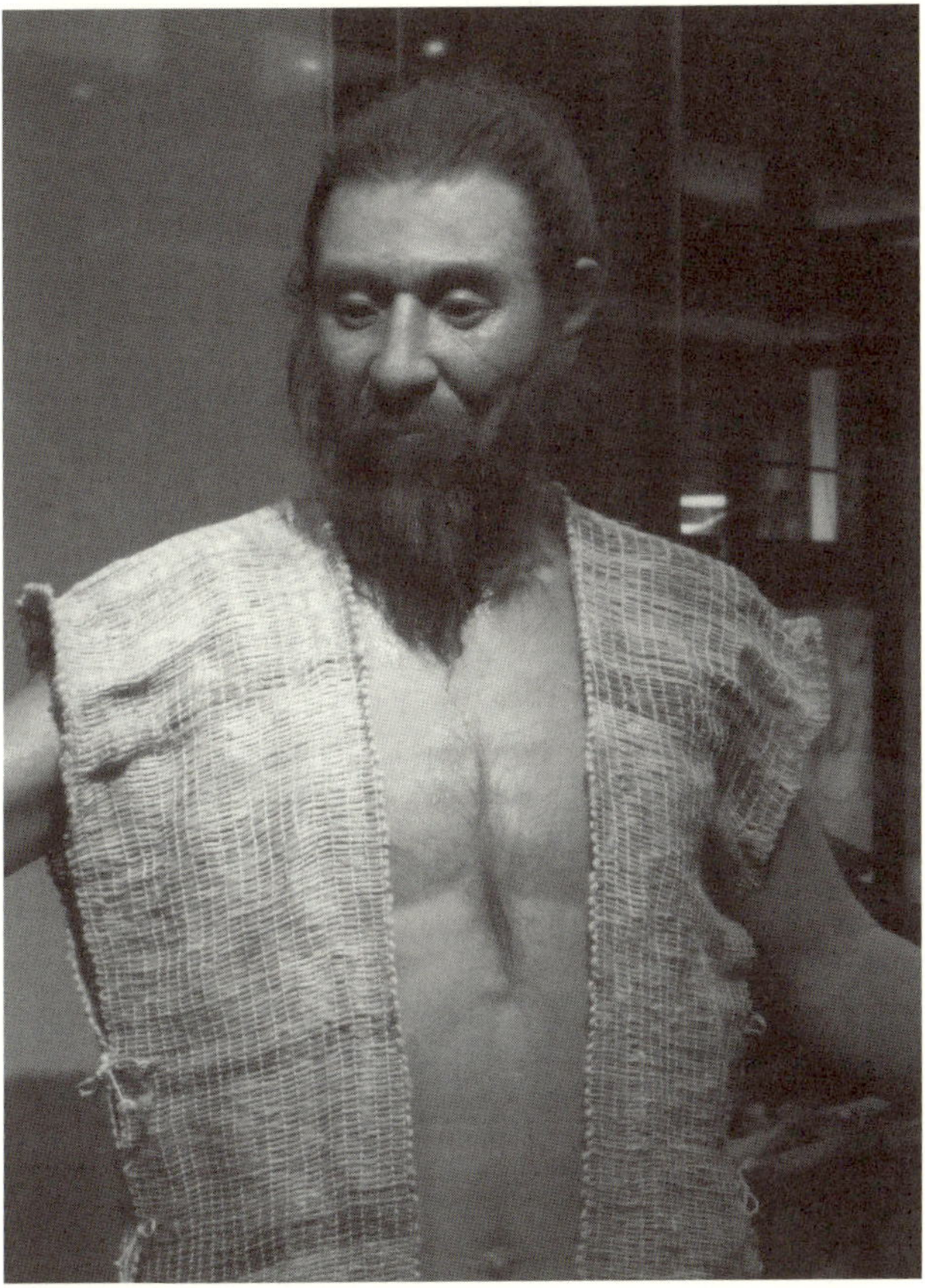

縄文人の復元（国立科学博物館展示）

縄文時代は、なぜ「縄文」というか

●ホモ・サピエンスがつくった縄文土器

縄文時代の「縄文」の名は、早い段階に発掘された土器に縄目の文様が目立ったことに由来する。もし異なる様式の土器が先に発掘されていたなら、おそらく別の名がつけられていただろう。

縄文時代の土器といえば、炎が燃え盛るような形をした火焔土器が有名だが、実のところ、縄文時代中期半ばの短い期間、信濃川の中下流域を中心として狭い地域だけで製造されたもので、全国的でも一般的なものでもなかった。

けれども、そこには火や生命力への強い憧れが示されており、縄文時代の精神史を知る上ではかけがえのない遺物と言える。

縄文時代は約1万年続いたが、その間で最大の出来事と言えば氷期の終了と海水面の上昇である。

火焔土器。火や生命の強い憧れが示されている

地球規模の歴史として見るなら、いずれ次の氷期が到来するはずだが、ホモ・サピエンスの歴史で見るなら先の氷期こそ最終氷期に違いなく、最終氷期の終了は温暖化と定住農耕生活の開始につながった。

また海水面の上昇は世界を五大陸に分け、日本を島国とするよう決定づけた。良くも悪くもそれがホモ・サピエンスの歴史の大きな画期であったことに違いはない。

●縄文時代の環境とは

縄文時代は大自然の中で人びとが自由で豊かな生活を謳歌したイメージがつきまとうのではないだろうか。

しかし、現在のわれわれが日常的に口にする主食・野菜・果物の9割以上が縄文時代より後の時代に導入されたものであることを思い起こせば、理想郷のようなイメージは揺らがざるをえない。

乳幼児死亡率の高さもさることながら、成人してから死亡した人の臼歯の山がすっかり擦り減り、ほぼ平らになっている事実は、彼らが硬い食べ物で満足せざるをえなかった実情を物語ってもいる。

豊かな自然に恵まれていたからと言って、食べ物に不自由しなかったわけではない。寒冷な時期が続くと自然の恵みも自ずと減り、採集で足りない部分を狩猟や漁労で補わねばならなくなった。

とはいえ、乱獲をすれば年々鳥獣や魚介類も減少する。そうなれば、より遠くまで出向かねばならず、外海に出れば遭難の危険が生じ、陸上では他の集落との衝突が起きかねない。そこにはもはや牧歌的なイメージはなく、自然や同じ人間を相手とした厳しい戦いが待ち受けていた。

縄文時代全体を眺めたとき、住居址の数は草創期から早期がほぼ横ばい、早期から前期が倍増、前期から中期が10倍増を示したのに対し、中期から後期には激減、晩期には草創期の水準にまで落ち込んでいる。このことは自然に依存した生活の限界を如実に示している。

燻製や塩漬けなど、食料保存の技術を編み出しても、自然の恵みに依存していることに変わりなく。保存食でしのげる歳月には限りがある。

自然に依存した縄文時代の生活は安定しているようでいて、実は極めて不安定なものであった。

●アニミズムや屈葬などの習俗があった？

世界の宗教はすべてアニミズムに始まるといってもよい。草木から雨、風、水に至るまで万物に精霊が宿るとする信仰である。

実用的でない何かを地上に供える、もしくは地下に埋めるというのは祭祀の痕跡に他ならず、土偶や実用に耐えない石製品はそれにあたる。

土偶や石製品は遺体の副葬品としても使用されたが、縄文時代の遺体処理には埋葬したものとそうでないものがある。

前者の場合はさらに、円形の墓に埋葬する屈葬、楕円形の墓への埋葬、長方形の墓での身体を伸ばした格好での伸展葬の3パターンがあった。

屈葬とは身体を強く縛り、手足を折り曲げた姿勢にした上で埋葬するもので、その理由としては、胎児の姿勢にすることで母なる大地に回帰再生させる、死霊が浮遊して生者に危害を加えることを防ぐ、穴を掘る労力を省くためといった説が唱えられているが、どれが本当であったかは謎である。

ただし副葬品に加え、遺体に死装束や装身具をまとわせた例、漆染めの布でくるんだ例、顔料が振りまかれた例も多々見られることから、労力を省くためという可能性はなさそうだ。哀悼の念を示すためか恐怖を打ち払うためのどちらかであろう。

いっぽう、埋葬を伴わない遺体処理としては、浅い谷や小川のほとりに安置した例、穴を掘らず上に盛り土をした例、貝塚中の浅い窪地に安置した例、河原石を敷き詰めた上に安置した例、貯蔵穴を墓に転用した例などが確認されている。

縄文人は何を食べていたのか

●縄文人のバラエティーに富んだ食事事情

縄文時代は非常に長く続いた。そのため縄文人の食生活には時期による違いはもちろん、地域や季節による違いも大きいが、細かく見ていけば切りがないので、ここでは大雑把な紹介に留めよう。

縄文人は季節ごとの自然の恵みを効率よく取り入れるだけでなく、加工、保存、貯蔵などの技術にも長け、食料が少ない季節をも乗り切ることができた。

食料を得る手段は大きく、狩猟、漁労、採集に分けられる。漁労は海を有する地域だけではなく、河川や湖沼でもできたから、山間部でない限り、縄文人は水産物を口にしていたはずである。

河川ではサケやマス、湖沼ではフナ、コイ、ナマズ、海の浜辺ではアサリやハマグリ、シジミなどの貝類をはじめ、春の東日本では内海に群れをなして回遊するイワシ、夏には外海近くでマダイやクロダイ、マグロ、ブリなどの大型魚を獲ることができた。エイの毒を使った漁や、現代で言う追い込み漁のようなことも行なわれていた痕跡があるから漁獲高も相当な量に及んだはずである。地域によってはイルカやアザラシ、オットセイなども捕獲の対象とされた。長期保存するために乾燥・塩漬け・燻製などが行なわれていたこともわかっている。

●食生活は栄養バランス豊かだったのか

いっぽう、狩猟の対象はイノシシやニホンジカをはじめ、タヌキ、アナグマ、テン、ムササビ、ウサギ、サルなどにも及び、鳥類ではガンやカモ、キジなどの冬鳥が主な対象とされ、道具では石槍と弓矢が主流であった。

すでに犬の調教が行なわれ、狩りを手伝わせていたらしく、単に石槍や弓矢で狩るだけではなく、落とし穴などの罠を仕掛けていたこと、イノシシの飼育が始まっていたこともわかっている。水産物と同じく、鳥獣の肉も乾燥・塩漬け・燻製などの方法で保存食ともされた。

採集の対象は何かと言えば、クリ、クルミ、シイの実、ドングリ、トチの実などの木の実やヤマイモ、ユリの根などの根茎類、木や草の芽や葉、キノコ、海藻などといったものからなっていた。木の実にはそのまま食べられるものもあれば、アク抜きや水さらしが必要なもの、加熱処理を必要とするものなどがあるが、縄文人は経験から学び、それぞれに最適な調理法を心得ていた。木の実は秋にしか採集できないが、そのままで長期保存が効くことから、さぞかし重宝したに違いない。

当然ながら、海に面していない内陸部では海産物を口にすることなく、海岸部では山の幸を口にすることはなかったが、その点を差し引いても、縄文時代の日本列島は世界でも稀な食料豊富な地域であった。事実、縄文時代の化石人骨からは栄養障害が認められる例は稀で、平均寿命こそ30余歳と低いながら、それは乳幼児の死亡率が高かったからで、成人の平均寿命は40～50歳くらいだったと推測される。そしてこの数字は健康寿命とイコールでもあった。

縄文時代の食生活は地域や季節により大きく異なっていたが、一例として滋賀県の粟津湖底遺跡第3貝塚を取り上げれば、そこの出土品から推測されるカロリーの配分は以下の通りだった。

木の実が約58パーセント

貝類が約19パーセント

淡水魚が約14パーセント

獣肉が約9パーセント

数字だけを見れば木の実が主食であったようだが、木の実の食べ方はいろいろで、保存用の場合、擦り潰し粉状にしたうえで団子のように固め、焼く、茹でる、煮込むなどさまざまな調理に利用できたので、消化が悪くなることもなかったろう。酒もニワトコというスイカズラ科の樹木に成る小核果を主とし、ブドウ、クワ、キイチゴ、マタタビ、サルナシの果実と種子を混ぜて製造されていたことがわかっている。

縄文人は現代人の想像以上に栄養バランスのとれた豊かな食生活を送っていたのだった。先述したように、自然に大きく左右される不安定な状態ではあったが。

日本最古の人類「港川人」の正体

日本列島の土壌は酸性度が高く、化石人骨が残りにくい。そのためホモ・サピエンスの到来時期は石器から推測するしかないのだが、酸性度が低く、石灰岩の地層が分布する南西諸島だけは別で、日本最古の人類化石が発見されたのもそこだった。

その化石が発見された場所は沖縄県那覇市山下町の第一洞窟。4万年前～3万6000年前のもので、6～7歳の子どもの大腿骨《だいたいこつ》と脛骨《けいこつ》と見られている。

しかし、大腿骨と脛骨だけで、それも子供のものとなれば、得られる情報も推測も限られてくる。日本人の祖先について知るには、やはり成人の頭蓋骨、できれば全身の骨格が必要だった。

待望の人骨が発掘されたのは1968年から1970年のことで、場所は沖縄本島南部の具志頭《ぐしかみ》村（現在の八重瀬町）にある港川採石場の石灰岩の割れ目だった。ゆえにその化石人骨群は「港川人《みなとがわじん》」と命名された。

港川人の生息推定年代は2万3000年前～1万8000年前だが、それより少し新しく1万8250年前～1万6600年前とする説もある。

問題は港川人が縄文人の祖先にあたるのかどうかだが、これについては研究者の間でも見解が分かれている。当初行なわれた復顔作業では、下顎が大きく、非常にごつい印象であったのが、最新のコンピューター解析の結果、下顎がほっそりしてスマートな印象になってしまった。前者であれば縄文人の典型と呼べる顔立ちなのだが、後者であれば話は違ってくる。港川人は縄文人の祖先にはあたらず、その後裔は断絶した可能性が高いのだ。

そもそも、はるばるスンダランドからやって来た人びとの身体的特徴がすべて同じとは限らない。スンダランド自体が東西に長い上に、スンダランドからの移動は長い歳月をかけ断続的に行なわれた。スンダランド内での相違もあったろうし、スンダランドに居住している間に独自の進化も遂げたであろう。それに加え、個体間の差もある。

以上を総合すると、縄文時代が始まる前後の段階には、縄文人の典型的な顔立ちがどうなるか流動的だった。今後、同時代の化石が大量に見つからないかぎり、港川人が縄文人の祖先にあたるかどうかについて、明確な解答が出されることはないのではなかろうか。

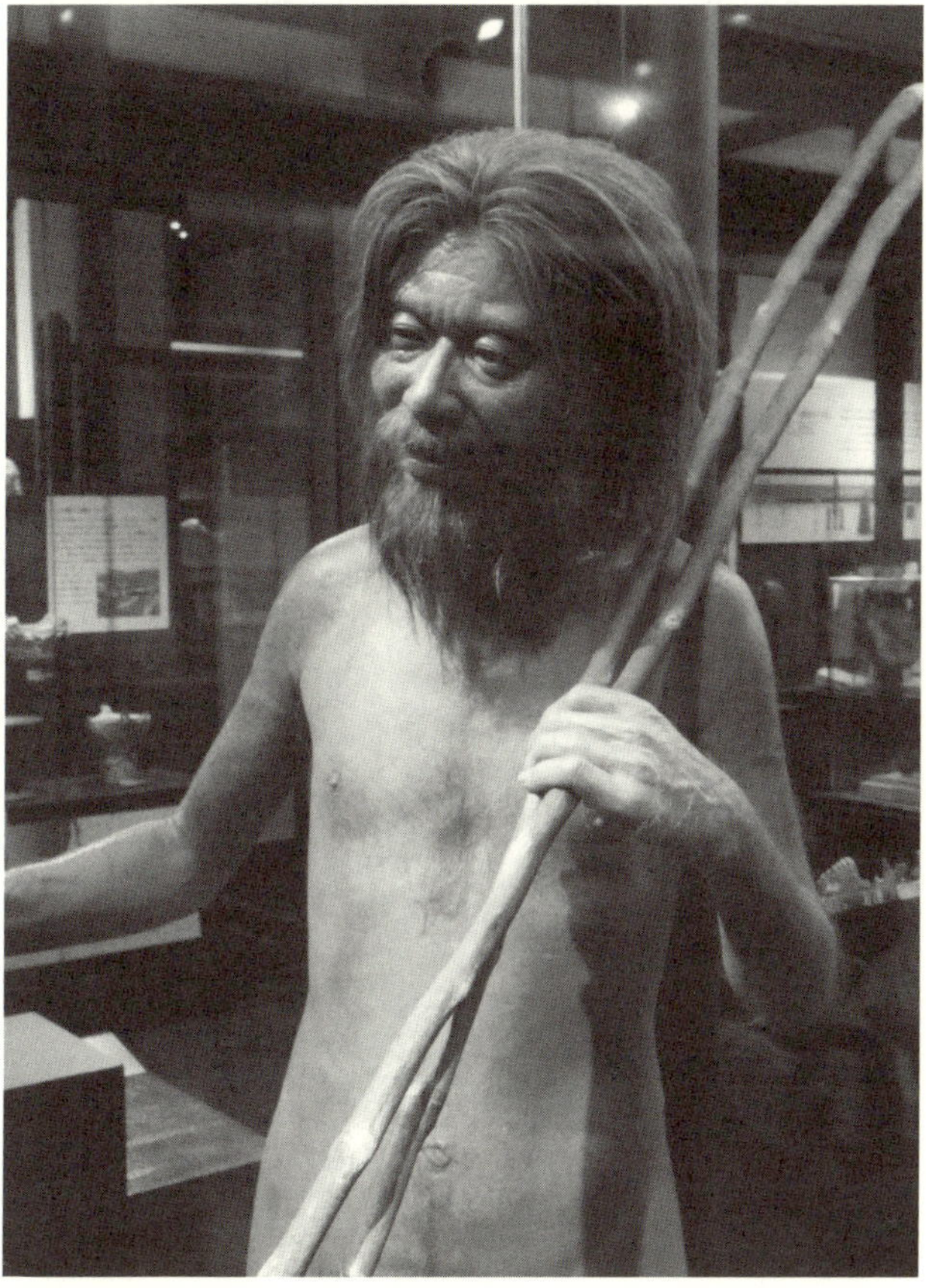

港川人の復元（国立科学博物館展示）

ストーンサークルは日本にもあった

●「環状列石」は共同祭祀場だったか

ストーンサークルと言えば、イギリスのソールズベリーにあるものが有名である。夏至の日に中心部から日の出を望むと、ストーンサークルの外側にあるヒール・ストーンにかかる形で朝日が昇る光景が見えることから、何らかの祭祀の場であったとか、天体観測の施設であったとか、墓所であったとかいろいろ言われているが、元来の建設目的に関してはいまだ解明されていない。

ストーンサークルと瓜二つの遺跡は日本にも複数あって、「環状列石」と呼ばれている。日本の環状列石にも夏至や冬至との関連して作られていると指摘されている。

環状列石とは、文字通り、石が環状に並んでいる遺構のことで、秋田県鹿角市の大湯環状列石や北秋田市の伊勢堂岱環状列石、北海道小樽市の忍路環状列石、青森市の小牧野遺跡の環状列石などが有名である。

環状列石がはっきりと残る小牧野遺跡。真上から見た様子（青森市教育委員会提供）

これらのうちもっとも原型を留めているとされるのが小牧野遺跡の環状列石なので、少し詳しく説明したいと思う。

小牧野遺跡の環状列石は青森市南部郊外の八甲田山系から青森平野に向かって延びる荒川と入内川に挟まれた標高約１４５メートルの舌状台地上に位置しており、築かれたのは縄文時代後期の前半である。

直径55メートルの四重の環状からなり、使用された石の数は約２９００個、石一個あたりの重さは平均10・８キロ、総重量は30トン以上に及ぶ。

石の大半は安山岩で、同遺跡から東に５００メートルから１キロほど離れた荒川流域から運ばれたと考えられ、建造方法は以下の４

工程からなると推測される。

一、斜面の高い方を削り、その土を引く方に盛る

二、石を川から運ぶ

三、石を並べる

四、継続して盛り土と配石を行なう

すなわち、高台に大規模な土木工事を施して土地造成を行なった上で、数千に及ぶ大石が環状に配列されている。

つまり、設計はもとより、入念な計画に基づいて築かれたことになる。

環状列石の中心には多くの人びとが集うことのできる約500平方メートルにも及ぶ空間があり、さながら円形広場のようである。このため環状列石はいくつかの集団による共同祭祀場であったのではないかと言われている。

●環状列石が集落から離れた場所にある理由

同じような言葉に「環状配石」というものがあるが、こちらはその真下に墓室や骨壺があることから、墓所に間違いないとされている。縄文人は環状という形状に何かしら特別

な感情を抱いていたのだろう。

環状列石が祭祀の場であるとして、具体的にどのような祭祀が行なわれたのか、祭祀の対象は何であったのか。

これまでの発掘成果からはこれといった答えは引き出せないが、遺跡の規模の大きさからして、相当大掛かりな祭祀が行なわれたものと推測される。

小牧野遺跡全体としては、環状列石の内部は外側の隣接部分に環状配石に加え、竪穴住居跡や土坑墓、捨て場跡などの存在が確認されただけでなく、遺骨を再埋葬するのに使われた土器棺墓をはじめ、土器、土偶、三角形岩版などが多数発見されている。三角形岩版とは三角形に近い形に加工された石のことで、土偶と並び、祭祀に利用されたと考えられる。

環状列石は集落から少し離れた場所に築かれ、普段は閑散としていたものと思われる。竪穴住居跡は番人の住居と見るのがよさそうだ。

三内丸山遺跡と遮光器土偶から見えてくる縄文文化

●遠隔地と交易をしていた?

縄文時代を代表する遺跡としてもっとも有名なのは青森市の「三内丸山遺跡」で、遺物としてもっとも有名なのは青森県西津軽郡の亀ヶ岡遺跡をはじめ、東北地方で多く見つかっている「遮光器土偶」であろう。

青森市の三内丸山遺跡の総面積は35ヘクタールと、東京ドームが7・5個収まる広さである。そこから発見されたのは、高床式の大型掘立柱建物跡、大型竪穴住居跡、南北に二つの盛り土、掘立柱建物群跡、竪穴住居群跡で、隣接地域からは環状配石墓が見つかっている。

縄文時代の前期中頃から中期末までを中心におよそ1500年続いた大規模集落の跡地で、各時期を通じて常時500人くらいが居住していたと推測される。

小牧野遺跡と同じく、ここもまた入念な計画のもと、大規模な土木工事により構成・配

三内丸山遺跡に復元された巨大六本柱

置された集落で、純粋な狩猟採集に頼るだけではなく、クリなどの栽培を取り入れた安定した経済が営まれていたことがわかっている。

木製・骨角製を含めた多様な道具が使われ、遠隔地で製造された物品が多数発見されていることから、遠隔地との交流が盛んであったこともうかがえる。道理で1500年もの長きにわたって続いたはずである。

●土偶に込められた豊穣への願い

いっぽうの遮光器土偶の「遮光器」とは、目の表現が北米大陸のイヌイットやエスキモーが雪原の照り返しから目を守るために着ける遮光器（スノーゴーグル）に似ていることに由来する命名で、全体として宇宙服を着用した姿に似ているため、異星人を模したものとする説も根強く囁かれている。

しかし、実際には乳房、臀部《でんぶ》、太ももが強調されていることから、女性の姿をデフォルメしたものと考えられている。土偶自体が呪術的性格を帯びたものであることからすれば、遮光器土偶は生命の源である大地母神を表わしたもので、目がデフォルメされているのも眼力に込められた呪術性の表われである可能性が高い。大地母神とは豊穣神に等しく、多

亀ヶ岡遺跡の巨大な遮光器土偶の像

産と自然界の恵み、豊作も結び付けて考えられた。

遮光器土偶のなかでもっとも有名なのは青森県つがる市の亀ヶ岡遺跡から出土したもので、高さは34・2センチにもなり、前1000年〜前400年にかけて製造されたものと見られる。

クリの栽培が普及したのは縄文時代中期の後半で、アク抜きのやり方が普及したのは後期の中頃、亀ヶ岡遺跡を中心とする亀ヶ岡文化が栄えたのは縄文時代晩期のこと。この頃は狩猟採集に頼り切る生活から農耕への移行が始まった時期でもある。

遮光器土偶とそれが出土した亀ヶ岡遺跡は食生活とそれに伴う生活習慣の転換を物

語る証と言える。

ちなみに、世界的に臀部が大きいか肥満なくらいのほうが出産に適しているとの考えがあったことから、これもまた理想的な女神像に仕上がっている。

ところで、海外の大地母神ではトルコの首都アンカラのアナトリア文明博物館所蔵のものが有名で、紀元前6000年頃の製作。目こそデフォルメされておらず、顔は能面に近いが、首から下は極度の肥満で、乳房が大きく垂れさがるなど大地母神に相応しい体格と品格を十分に備えている。

このような女神像は人びとの豊穣への期待を表わすと同時に、現実にそうした体形の女性が男性受けしたとする説もある。

アイヌ、琉球人は縄文人の末裔か

●四角い顔をしていた縄文人

スンダランドからはるばるやって来た人びとはそれなりに多様性に富んでいたと思われるが、1万年以上続いた縄文時代はその子孫たちを均質化するに十分な長さであったと考えられる。

個体数がまだまだ少ない関係上、縄文人の典型的な姿かたちについては近い将来に大きな訂正を迫られる可能性もあるが、現時点の研究成果によれば、縄文人は戦後生まれの日本人と比べて全体的に小柄であったが、筋肉質で、腕や脚は先のほうが長かった。このような体形は走る、舟の櫓を漕ぐ、落とし穴を掘る、家を建てるといった動作に向いており、縄文人が定住性の狩猟採集生活に適応していたことを示している。

いくら豊かな自然に恵まれているからといって安穏に生きていたわけではなく、狩猟・漁労・採集のすべてにおいて、頭を使いながらかなりの重労働をする必要があったのである。いくら恵まれていたといっても、それはあくまで相対的なことで、食べ物のほうから歩いてきてくれるわけではなかったのだから。

縄文人の顔立ちについては上下に短く左右に幅広く、全体に四角いイメージであったと推測される。頑丈な顎を持ちながら、歯は世界中の新人のなかで最小と言えるほどに小さく、口元が引き締まっており、歯の擦り減り具合は現代人とは比較にならないくらいひどかった。

調理技術の進歩により鋭い歯は完全に不要となったが、しっかり噛む必要のあるものが多かったのだろう。そのせいか、上下の歯はぴったり合う毛抜き状となっていた。

眼窩は横長で四角くて眉間は突出。鼻根は窪んでいたが鼻梁は隆起しており、全体としてみれば、彫りが深い顔立ちだった。推測を逞しくすれば、瞼は大きく、眉は太く、唇は厚めと思われる。

●アイヌ・琉球人・アボリジニの類似性

以上はあくまで発見された人骨からの推測だが、それが縄文人の顔立ちの典型であったとすると、北海道のアイヌや沖縄の琉球人との類似性はどうなのか。

つい半世紀前には、アイヌと琉球人は縄文人の特徴を色濃く残し、オーストラリアの先住民であるアボリジニとも類似性が高いと言われてきた。本土の日本人は弥生人の血のほうが濃くなったが、アイヌと琉球人はそうではなく、スンダランドの住民の特徴さえ留めているとの説が有力視されていた。

だが、その後の研究によりアイヌ・琉球人とアボリジニとの類似性だけでなく、アイヌと琉球人のそれも否定された。またアイヌの歯と縄文人のそれとの類似性は認められながら、琉球人と縄文人の類似性は希薄で、むしろ西日本の弥生人や華北の漢民族に近いとの結果が出た。

今後、化石人骨の絶対数が増えるに伴い、大きな変化が生じる可能性もあるが、少なくとも現時点では、琉球人を縄文人の末裔とすることはできない。血をまったく受け継いでないというのではなく、むしろ弥生人に近いということである。

5章

縄文人と弥生人

第五の選択

縄文人は渡来系弥生人と「戦う」か「同化」するか

北方起源の弥生人は縄文人を大量虐殺したわけではなく、死亡率の低さのため、長い歳月を経て縄文人を圧倒、同化吸収したものと考えられる。彼らがアジア大陸の各地から日本列島へ渡る際にも、残留か移住かの選択があったはずである。水稲栽培と金属器製造の技術を有していた彼らは縄文人より安定した生活を送り、灌漑設備をつくる必要から、強力な指導者を選ぶ必要も生まれた。

弥生人は、かつてアジア大陸を「北」に進路を選んだサピエンスだった

●弥生人の故郷はシベリアか

弥生時代は前期、中期、後期の三つに区切るのが一般的だが、その始まりを紀元前1000年くらいにまでさかのぼり、早期を設けて4区分にすべきとの意見もある。

弥生時代を担った弥生人は縄文人の子孫である在来系弥生人と渡来系弥生人に分けられるが、単に弥生人と言う場合、もっぱら後者を指すのが普通である。

縄文人と弥生人の祖先はアジアを東進する途中までは一つの集団だった。ところが、現在のミャンマーかタイあたりまで来たときに分岐が生じた。東のスンダランドに向かった集団のなかから縄文人が生まれ、北進を選んだ集団から弥生人が生まれたのである。すなわち、東進するか北進するかがホモ・サピエンスにとって重大な選択だったのだった。

最終的な決断は各集団を率いる指導者によって下されたのだろうが、判断基準についてはまったく見当がつかない。だが、少なくとも西へ行けば先住者との間で争いが生じ、南

はインド洋が広がるばかりで、東西南北の四方に限れば、東か北しか選択肢がないのは明らかだった。

それ以上の移動をすることなく全員残留するには食料の絶対量が足りなかった。どんなに環境に恵まれたところでも、人口が過剰になるか大規模な自然災害に見舞われればひとたまりもない。だからこそ、一度ならず集団を分ける必要が生じたのだろう。

北へ向かった集団の一部はシベリアのバイカル湖周辺に腰を落ち着けた。現在ほどではなかったかもしれないが、高緯度であるため寒冷な土地で、そこで生きていくためには身体を寒冷地に適応させるだけでは足りず、寒さをしのぐ工夫をする必要があった。

●寒冷地適応によって一重瞼で、唇が小さくなった

そこで発明されたのが縫い針だった。骨や角を材料にして細工した縫い針で、糸にはトナカイの腸や腱を使用。これで動物の革を縫い合わせ、密封された衣服や帽子、靴、手袋を造った。これがあれば氷点下50度くらいでも耐えられる。

それに加え、彼らはソリやカンジキ、テントなど、多様な材料を組み合わせることで、寒冷地に適した生活用具を数々生み出したのだった。

いっぽう、身体のほうでは、体熱の発散が少なく、凍傷になりにくい体質へと変化が生じた。身長の割に腕や脚が短く、特に末端は短くなるというように。体毛はさらに薄くなり、腋臭を発する者や湿った耳垢の者も減少の一途を辿った。

腋臭と耳垢はどちらもアポクリン腺という体液に由来する。その正体はタンパク質を含んだ汗で、人体でそれが発せられるのは脇の下と乳首、乳輪、陰部、外耳道で、長めの体毛と絡む脇の下では、元来はセックスアピールであった腋臭の原因となり、外耳道では耳毛という細かな毛と絡むことで、ノミやシラミ、ダニなどの寄生虫が嫌う臭いと味に変じる。

寒冷地には寄生虫が少ないため、外耳道をアポクリン腺で湿らせておく必要性が低下した。また寒さのひときわ厳しい冬季には狭い小屋の中で身を寄せ合って暮らさざるをえず、そこではセックスアピールを常時発せられるのは不都合だった。弥生人に腋臭を発する者や湿った耳垢の者が減少したのを以上の理由に拠るという考えは、定説とまでは言わないまでも、研究者の間でも比較的多くの支持を集めている。

面貌にかんしては、皮下脂肪が増えたのとは対照的に眼窩は小型化し、みながみな一重瞼となった。唇や耳たぶも小さく、ヒゲ、眉、睫毛も少なくなった。凍った肉を嚙むことや口を使って皮を鞣す機会が増えたせいで、歯と顎は頑丈になった。

●日本への渡来ルートはいくつもあった

かくして寒冷地適応した集団が6000年ほど前から南下を始めた。その一部が日本列島にも来て、渡来系弥生人となるのだが、その移動ルートは一つではなかった。朝鮮半島から九州北部に渡るのが主流であったろうが、それ以外にも長江下流域から東シナ海を横断するルート、現在の福建省や台湾から南西諸島に沿って北上するルート、さらには現在のプリモルスキー（沿海州）から北海道や青森県に渡るルートも利用されたと考えられる。

シベリアから朝鮮半島に至るルートに関しても最短距離を進むのではなく、いったん中国大陸に入り、農耕技術を習得してから再移動した集団があったことは間違いなく、中国大陸から朝鮮半島へのルートにしても陸路のほか、山東半島や長江下流域から舟で渡るルートもあったようである。

長江流域で生活歴のある集団は水稲栽培の技術や環濠集落を築く習慣を身に着けていたから、朝鮮半島と日本列島にそれらをもたらしたのは、主に彼らの子孫であったと考えられる。

長江中・下流域で水稲栽培が開始されたのは前6000年頃のことで、同時期の黄河中・下流域ではアワ、キビなどの雑穀栽培が開始された。現在の浙江省余姚市の河姆渡遺跡からは農具や木製工具などとともに、大量の稲籾が発見されており、そのあたりが初期水稲栽培の一大中心地であったことがうかがえる。

ちなみに、日本最古の水田跡は福岡市の板付遺跡で、用水路や水を止めて別の水路に流すための井堰の跡が発見され、その水路跡からは水稲耕作に欠かせない諸手鍬や鋤、柄振りなどが出土している。柄振りとは長い柄の先に横板のついた鍬のような形のもので、土をならしたり穀物の実などをかき集めるのに用いられた。水田本体の跡からは石包丁や打製石鎌、炭化米なども出土しており、水田耕作が行なわれていた確固とした証拠に違いなかった。時期的には縄文時代末期のものである。

水稲栽培は九州北部から南と東へ、そこからさらに北へと広まり、青森県田舎館村の垂柳遺跡を北限とする。時期的には弥生時代中期後半のもので、水田の規模や形状は板付遺跡のものとほとんど違いがなかった。

自然への「調和」から「挑戦」を選んだ弥生時代

●「弥生」という名の由来

弥生時代の名は何に由来するのか。そもそも「弥生」とは何なのか。実のところは謎になっている。

1884年に現在の東京都文京区弥生の東京大学構内の貝塚から最初の弥生式土器、すなわち当時、貝塚土器と呼ばれた縄文式土器と古墳から出土する須恵器でもない、中間の時代の土器が発見されたそのときに当時の東京大学、人類学の教員らによって命名された。

命名の理由については、その付近一帯が水戸徳川家の中屋敷のあったところで、徳川斉昭の筆になる「向岡記」碑があり、その中に「やよい」という言葉があったからと説明されることもある。しかしながらそれとて推測の域を出るものではなく、言葉の響きがよいことから、さして異論が唱えられることもなく、そのまま踏襲されてきたというのが現実である。

●弥生時代に起きた四大変化

弥生時代に起きた重大な変化と言えば、「水稲栽培の普及」や「環濠集落の出現」、「金属器製造のはじまり」、「社会的格差」の広がりなど、特に四つを挙げることができる。

水稲栽培には水田をつくること、水田をつくるには灌漑《かんがい》設備を設けることが必要とされたが、その作業には指導者が必要とされた。家族単位でできることではなく、最低でも集落単位で行なう必要があったことから、それぞれの集落で一人、または複数の長が定められた。

時代が下ると、その長に権力と富が集中し始め、社会的格差が広がったものと考えられる。格差の広がりをもっとも強く物語るのは、長の墓を他のそれより大きくかつ豪華につくることで、それは古墳時代の到来を予感させるものでもあった。

金属器の製造は弥生時代中期初頭の青銅器に始まり、鉄器のそれは弥生時代後期中頃に始まった。

青銅器が主に祭器として利用されたのに対し、鉄器は農具や武器に使用され、殺傷力の著しく増した武器の登場を促した。

それと環濠集落の普及は無関係ではあるまい。命のやりとりが増えたことから、防衛力

荒神谷遺跡の斜面からは埋納坑が発見され、大量の銅鐸と銅矛が出土した

の強化が必要とされ、柵で囲うだけでは不安というので、大陸伝来の環濠集落が普及したのだろう。

他の集落と戦いをする上でも強力な指導者が必要とされた。腕力のある者が選ばれる場合もあれば、指導力のある者が選ばれることもあったろう。

だがやはり、灌漑の指導者がそれを兼ねるのが効率的で、別個に指導者を立てる場合には、灌漑の指導者が上、戦闘の指導者は次席という序列化がなされたものと考えられる。戦闘は一時的なものだが、灌漑設備にはメンテナンスが欠かせず、常に必要とされたからである。

●自然に手を加えたのはこの時代からか

縄文時代の特徴を自然との調和とするなら、弥生時代のそれは自然への挑戦と言うことができる、なぜなら、灌漑設備や環濠集落の建設、金属器製造のために大量の木材を燃やすことは、自然に手を加えることに他ならないからで、日本人の祖先はこの時点で禁断の一歩を踏み出したのだった。

水稲栽培と環濠集落の普及は一気に進んだのではなく、ゆっくりと時間をかけて進んだことがわかっている。

それでも人類700万年の歴史全体から見れば急激な変化で、ここでようやく日本の原風景とでもいうべきものが姿を現わしたのである。それは同時に、環境破壊の始まりでもあった。

鉄製の鏃《やじり》の出現は狩りの効率を上げたが、人口の絶対数が少ないおかげで、すぐには生態系の破壊に至らなかった。

しかし、それはボディーブローのように回数や時間を重ねるにつれて効果を示し、後世に大きなツケを払わせることにつながった。人類の進化は必ず何かの代償を伴う等価交換のようなものであった。

加茂岩倉遺跡から出土した銅鐸

●銅鐸の埋納が物語る「クニの境」

縄文時代の墓では副葬品として石や木、土などでつくった祭器を納めるのが普通だった。弥生時代にはそれに青銅製のものが加わるが、芸術的にも高い評価を得ている「銅鐸」が墳墓から見つかった例はない。それどころか、住居址など生活遺構から出土した例もないのだ。

それではいったい銅鐸はどんなところに埋納されていたのか。

銅鐸文化圏は中国地方と四国の東部から東海・中部地方にまで及ぶが、弥生時代中期の初頭には田畑の外郭、弥生時代後半には国家の前身であるクニとクニとの境あたりで発見されることが多い。

また前者に農業を称える線画が刻まれている

のに対し、後者には×印のつけられている例が多く見られる。

ここから推測できるのは、青銅器時代の初期には主に五穀豊穣、とりわけイネの豊作祈願のため埋納されたのに対し、後期には外敵や悪霊から共同体を守る辟邪の呪具として用いられた可能性である。

事実、後期の代表例としては出雲の加茂岩倉遺跡や荒神谷遺跡が挙げられるが、その場所はどちらも古代出雲と隣のクニとの境目付近だった。

結界を張るのと同様の理由でクニ境に大量の銅鐸を埋納した。あながち的外れな推測ではないだろう。

先住の縄文人と後発の弥生人の違い

●彫りの深い縄文人と平たい顔の弥生人

縄文人と弥生人とでは外見からして大きく違っていた。平均身長は成人女性で2センチ、成人男性で5センチほど弥生人のほうが高く、前腕や脛《すね》が相対的に長い縄文人に対し、弥生人は短かった。

顔つきに関して言えば、縄文人は眉間が出っ張り、鼻の付け根が窪んだ彫り深い顔立ちであったのに対し、弥生人は彫りが浅く平坦な顔つきをしていた。これらの相違は主に寒冷地適応への有無と運動量の多寡に拠っている。

外見以外の大きな違いとしては、歯の大きさと形状が挙げられる。

まず大きさについて言えば、縄文人の歯が相対的に小さいのに対し、弥生人のそれは大きい。

穀物のような柔らかいものを主食とするようになった弥生人の歯のほうが小さくなりそ

うだが、現実はそうではなかったのだ。なぜそうなったかに関しては、いまだ有力な説はなく、未解明の状態にある。

それに対して前歯の形状は、縄文人では平坦に近いのに対し、弥生人も現代日本人も歯の裏側がシャベルのように窪んだ形をしている。

これまた寒冷地適応の一つだと考えられる。また、食生活が変化したからといって、たかだか数千年くらいで歯の形状が大きく変わることなどなく、現在でも以前からのその状態が生き続けている一つの例であると、形質人類学が専門の溝口優司氏は結論づけている。

●無防備だった縄文人の集落

縄文人と弥生人で会話が成立したかどうかは未知の状態である。まだ文字のない時代で、骨のみでは判断のしようがないからだ。

だが、人類の歴史を見れば、言葉が通じなくても交易は成り立っているので、縄文人と弥生人の間で物々交換をするとか食事をともにするなどといったことには問題なかったはずである。

最後に縄文人と弥生人の違いについて警戒心の強弱を挙げておこう。弥生時代には集落

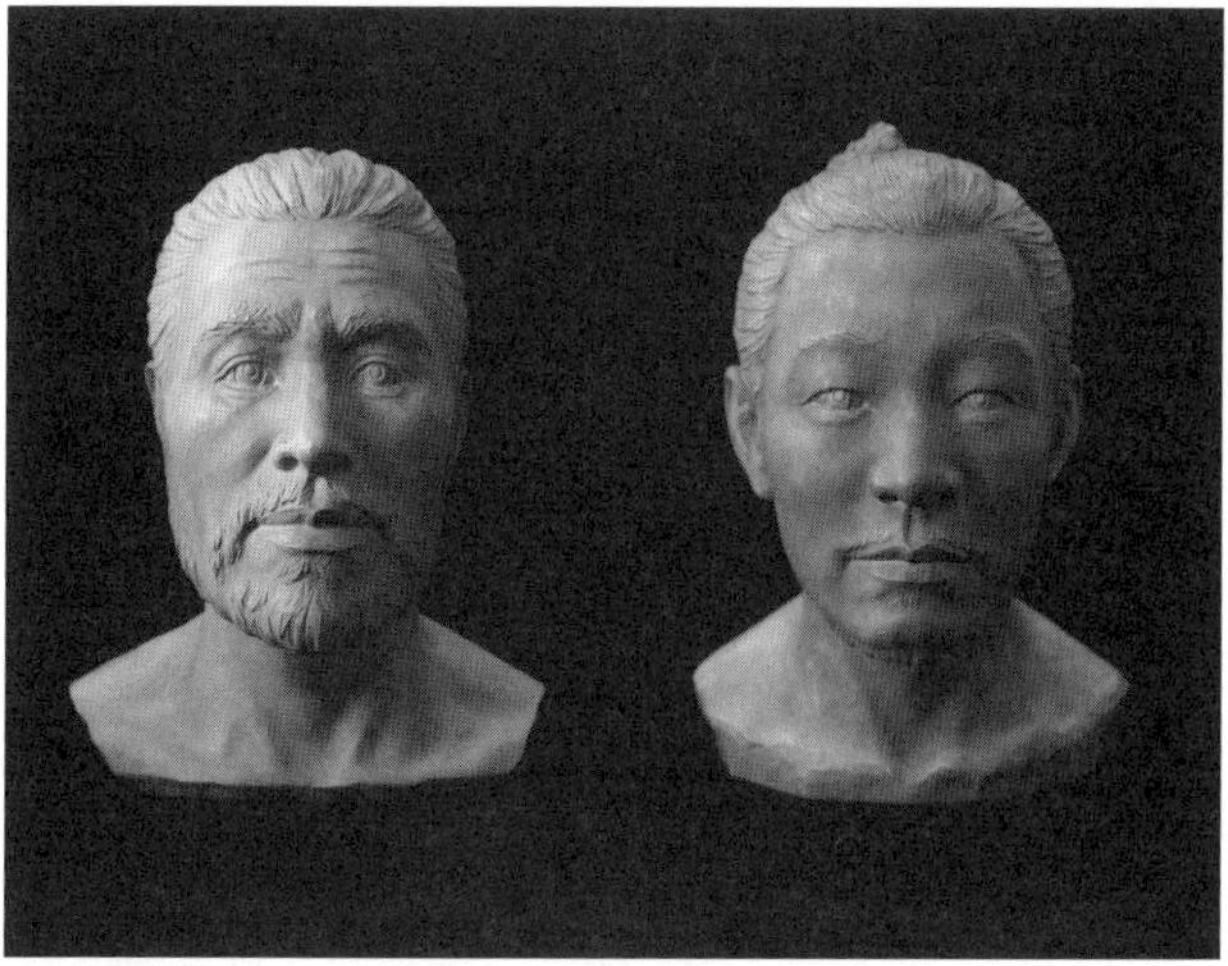

縄文人と弥生人の顔の比較（国立科学博物館展示）

の周囲に濠を巡らす環濠集落が登場するが、縄文時代に濠を巡らすのは祭祀の場に限られ、集落の周囲は無防備に近かった。

クマやオオカミは脅威になりそうなものだが、めったに人里に下りてくることはなく、互いの縄張りを犯すことなく、うまく共存できていたということか。

他の集落との間で戦闘が起きることも非常に稀であったようで、縄文時代の化石人骨のなかで他殺と判断できるものは極めて少ない。

対人間の武器はまだなく、人間同士の争いは素手で闘うか、狩猟用具を使うにとどまっていたものと考えられる。

弥生人に「同化吸収」された縄文人は「戦う」選択肢はなかったか

●縄文人は征服されたわけではない?

総じて、現在の日本人は弥生人の特徴を色濃く受け継いでいる。これは後発の弥生人が先住の縄文人を圧倒したことを意味している。それは具体的にどのように進んだのか。

少なくとも、短期間に大量の弥生人が渡来して、縄文人を征服ないしは壊滅させた痕跡は見られない。弥生人の渡来は数百年の歳月をかけ断続的に行なわれた。

長期的に見て、渡来した弥生人の総数が縄文人を大きく上まわったのかといえば、それも違う。渡来一世の総数は縄文人のそれに遠く及ばずで、人口比の逆転は長い歳月をかけ、徐々に進行したものと考えられる。

もっとも可能性が高いのは、人口増加率の違いである。同じく弥生人と言っても、縄文人の子孫である在来型弥生人が狩猟採集生活を送っていたのに対し、渡来系弥生人は当初から農耕生活を送っていた。狩猟採集生活は栄養バランスに優れていたとはいえ、安定性と栄養価の高さでは農耕に明らかに分がある。この違いは人口増加率に直結する問題で、近年のコンピュータ・シミュレーションによれば、人口の逆転は弥生時代中期までに起きていたとの結果が出た。これは弥生人の自然増に加え、縄文人との交配をも加味したうえでの試算である。

つまり、縄文人は圧倒されたといっても滅ぼされたわけではなく、同化吸収されたというほうが適切である。この点に関して自然人類学が専門の馬場悠男氏は、「渡来系弥生人は、優れた生産技術によって、自らの人口を増しながら、北部九州付近から周辺に拡大し、相当程度に人口が増えてから、ゆっくりと縄文人の子孫と混血していった」と述べている（『私たちはどこから来たのか　人類700万年史』NHK出版）。

●日本全国に広がった弥生人の特徴

また先述の溝口優司氏も、置換説・混血説・変形説の三つを紹介した上で、現在の学界では「置換に近い混血説」を主流として、「弥生人たちは自らも増えると同時に縄文人と混血しつつ、徐々に居住区域を広げ、やがて北海道を除く日本全域が、弥生人の特徴を持つ人々で埋め尽くされていった」との推論を提示している（『アフリカで誕生した人類が日本人になるまで』SB新書)。

在来型弥生人すなわち縄文人の子孫たちに選択肢はなかったのかと言えば、これに明確な答えを出すのは難しい。

そもそも弥生時代の一般的な婚姻形態がわからない以上、どういう場合に縄文人と弥生人の婚姻が成立したのか見当もつかないからだ。

縄文時代にはすでに遠隔地との交易が行なわれていたから、遠く離れた集落との間で婚姻関係が結ばれても不思議ではない。

弥生時代にも結婚相手を別の集落から選ぶのが通常であれば、縄文人と弥生人が結ばれても別段不思議ではない。集落内で近親相姦を続けるのが習わしであれば、よそ者が割り込むのは難しく、駆け落ちか略奪婚でもするしかなかったはずである。

今後、遺伝子解析の技術がさらに進歩すれば、これらの謎も解明されるかもしれない。

日本列島に移民した「渡来系」とは

●そもそも渡来系とはなにか

弥生人に在来系と渡来系の二つがあることは先述した。在来系とは縄文人の後裔で、渡来系とは大陸から渡来して縄文人を圧倒した弥生人のことを指す。これに対して、古墳時代以降の移民は渡来人と言い慣わされている。

半世紀前までは帰化人という呼称が用いられていたが、その名の登場するのが律令の発布以降で、なおかつ法律用語であることからしだいに使われなくなり、無難な渡来人という言い方が一般化したのだった。

渡来と言えば、かつて「騎馬民族征服説」が一世を風靡《ふうび》したことがある。アジア大陸から騎馬民族が大挙渡来して日本の支配層に収まったとする説だが、現在では完全に否定されている。

否定された根拠は、何よりも騎馬民族の生活文化が何一つ見られないことにある。有力

ソウル近郊の江華島に残る代表的な支石墓

な指導者のもと大挙移住してきたのであれば、戦士である壮年の男性だけではなく、女性や子供も伴っていたはず。

それならば伝統的生活習慣も持ち込まれているのだが、その痕跡が皆無であることから、騎馬民族征服説はありえない。

あるとすれば小規模な移住で、征服どころか先住者に溶け込むのがやっとで、同化を余儀なくされたはずである。

移住を示す明らかな痕跡と言えば、初期の水田や環濠集落、金属器の製造所跡はもちろん、支石墓の存在も挙げられる。

墓の上に墓標のように大きな板石や塊石を置いたもので、朝鮮半島に広く見られるそれは、玄界灘《げんかいなだ》に面した糸島《いとしま》平野や唐津《からつ》平野、有明海《ありあけかい》沿岸から天草諸島など、九州西北部だけに確認されている。

また最新のミトコンドリアDNAの分析からは、九州北部でも東部では朝鮮半島や中国の山東半島、中国東北部出身者、西部では朝鮮半島や中国の山東《さんとう》半島、長江《ちょうこう》流域出身者の多いことがわかっている。

日中韓の炭化米《たんかまい》の比較調査でも、同様の結果が出ているという。

●中国の春秋戦国時代、三国志の難民が渡来人か

渡来系及び渡来人には現在で言うところの難民もいたのだろうか。全体に占める比率はどうあれ、難民がいたことは間違いないだろう。

中国の春秋戦国時代には大規模な飢饉が起きるたび、また呉《ご》・越《えつ》・楚《そ》など長江流域の諸国が滅ぶたびに相当数の難民が発生したに違いなく、その一部が直接ないしは朝鮮半島を経由して日本列島に移住したであろうことは想像に難くない。

長江流域諸国に限らず、華北東部の斉《せい》と燕《えん》の滅亡に際しても、同様の事態が生じたことが考えられる。

戦乱や圧政を逃れるためだけでなく、再起を期して未知なる土地に新天地を求めるのは

よく見られることだったからだ。

秦王朝の支配下とその末期、後漢末の三国志の動乱期についても同様である。不老不死の薬を求め、3000人の童男童女と多くの技術者とともに東方へ船出し、二度と戻らなかった徐福《じょふく》に関する伝説は佐賀県佐賀市や三重県熊野市など日本各地に残っており、その一団が日本に渡来した可能性も皆無ではない。

朝鮮半島からの日本列島への移民に関しても同じことが言える。距離の近さからして、新天地を求めて日本列島に渡来した者の数は中国大陸からのそれよりも多かったはず。

水稲栽培と環濠集落の伝播の道筋から見れば、そのうちの何割かは中国大陸出身者か、もしくはその子孫であった可能性も高い。

南方系と北方系の神話が錯綜する日本

●南方系の神話は、海洋性に満ち溢れていた

日本人の祖先が南方系の縄文人と北方系の弥生人であることは神話の上からも垣間見える。たとえば、最初の男女対の神であるイザナキとイザナミは自分たちが造ったオノゴロ島を拠点とし、お互いに柱をまわってからの性交という手順によって日本列島を生み出していくが、そこには海洋的性格が極めて濃く、明らかに南方系である。柱をまわってからの性交も、インドシナから中国南西部にかけて居住するミャオ族の間では現在も行なわれている。

また『古事記』には高天原を追放されたスサノオが地上へ降る途中でオオゲツヒメを殺し、その死体から5種の作物と蚕の種が生じる話が出てくるが、こうした死体化生神話は神話研究の上では「ハイヌウェレ型神話」と呼ばれ、東南アジアの島嶼部から南太平洋、南米大陸にかけて広く分布している。

同じく「イナバの白ウサギ」の話ではウサギが島から本土に渡るのに言葉巧みにサメを利用するが、知恵で勝る陸上の動物が海の動物の欺く話はジャワ島を中心としたインドネシアからインドシナにかけて広く見られる。

また、オオクニヌシが国造りをするにあたり、スクナビコナやオオモノヌシを助力者とするが、この二柱の神はどちらも海の彼方からやって来た。海の彼方から超常の力の持ち主がやって来て国造りを助けるという話も同じく南方系である。

海幸山幸の略称で知られる、アマテラスの玄孫にあたるホオリが釣り針を失くしたことをきっかけに海神の宮殿を訪れ、海神の娘と結ばれる話、海神からもらった神宝の威力で兄を屈服させる話なども海洋性に満ち溢れ、やはり南方系である。

これらの話は海を生活の場とした海人《あま》と総称された人びとの神話を取り入れたものとされるが、海との関連性が密接であっただけに、完全に陸上生活に移行した人びとに比べ、海人には縄文的精神文化の影響がいつまでも残っていたのだろう。

●北方系の神話は、神々は天に住むものだった

いっぽう、北方系の影響をもっとも色濃く表わすのが、天つ神という上位の神々の住ま

出雲大社境内にあるオオクニヌシと白ウサギの像。陸上の小動物が水中生物を欺くというのは南方系の神話にもみられる

う高天原という世界が天空にあり、地上の建国者を天つ神の末裔とする神話で、後者は天孫降臨神話と呼ばれている。

海のない内陸部で育った弥生人の祖先たちにとって、上位の神々の住まう場所は天空か高い山の上しかありえなかった。祭政一致のもとでは、王家の血を神々それもできるだけ上位の神々に結び付ける必要があったから、建国の主を天下った神の子孫とする神話が創作されたのだろう。

日本の場合、高天原の最高神であるアマテラスの孫、ニニギという神が地上に降り、その曾孫が初代天皇の神武ということになっている。

建国の祖を天神の子とする神話は朝鮮半島

にもあり、高句麗と半島の南端にあった伽耶諸国もそれを採用していた。高句麗の建国の祖とされる朱蒙《チュモン》の父は天帝の太子ヘモソで、母は河神の長女だった。

そして伽耶諸国の神話では、人間の目には見えない何者かが亀旨山《クジ》に降臨し、それがもたらした六つの卵のうち最初にかえって生まれたのが金官伽耶国の王首露《スロ》で、他の五つかからかえったのが他の五か国の王にたったと伝えている。金官伽耶国は高句麗・百済・新羅の三国が雌雄を争った時期の前半、伽耶諸国のリーダー格を務めたところであった。

ちなみに、ニニギが降臨した地は高千穂の久士布流多気《くしふるたけ》という山で、奇しくも亀旨山と発音が類似している。

このように、日本神話には北方系と南方系の要素が混在している。日本人の大多数を占める本土日本人（大和民族）が縄文人と弥生人の交配により形成されたからこそ、このような形になったに違いない。

遺伝子上は弥生人が優位に見えながら、精神世界の面では縄文人の精神が根強く残っていたのだった。

中国の歴史書から読み解く建国前の日本のすがた

●『後漢書』が語る日本建国の足音

中国の歴史書『後漢書』の「東夷列伝」には、日本に関する以下の記述が見られる。

「建武中元二年、倭の奴国《なこく》の使者、貢を奉げて朝賀す。使人は自ら大夫と称う。倭の極南界なり。光武は賜うに印綬を以てす。安帝の永初元年、倭国王の帥升《すいしょう》等、生口百六十人を献じ、願いて見《まみ》えんことを請う」

ここにある建武中元二年は西暦の紀元57年、安帝の永初元年は１０７年にあたり、光武は後漢の初代皇帝となった光武帝をさしている。使人は使者、印綬は身分を示す印章とそれにつく紐のことで、生口は奴隷の意。全体では、57年に倭の奴国の使者が朝貢のため来訪し、使者は大夫の地位にあると称した。奴国は倭の最南端に位置する。光武帝は返礼として印綬を下賜した。１０７年には倭国王の帥升らが奴隷１６０人を差し出し、謁見を願ってきた、という意味になる。

西暦の57年も107年も弥生時代の中期にたり、その頃の日本列島にはまだ国家と呼べるようなものは存在せず、ここで言う「国」は有力集落の連合体、「王」は首長と受け取るくらいが適切だろう。

●金印が示す奴国と伊都国の外交実績

奴国の王にせよ、帥升らにせよ、その目的はお墨付きを得ることにあったと思われる。当時の東アジアで諸国の格付けを行なう資格を有するのは唯一の超大国である後漢だけで、奴国の王も帥升らも倭国の支配者であることを認めてもらう必要があった。九州北部だけでも連合体がいくつも割拠し、いつ力関係が逆転しておかしくない状況にあったからこそ、超大国の後ろ盾があるかのごとく見せる必要を感じたのではなかろうか。

『後漢書』より前に編纂された『三国志』の「東夷伝」には、朝鮮半島から近い順に対馬国、一支国、末盧《まつら》国、伊都国と続いて、これらはすべて女王国の統率配下にあり、そこから東南に行けば奴国に至るとある。

この奴国と『後漢書』にある奴国はおそらく同じ地域をさすと思われるが、ここで問題となるのが博多湾に浮かぶ志賀島で発見された金印である。そこには「漢委奴国王」と刻まれていた。これは光武帝から下賜された金印そのものなのか。

中国では公式文書でも偏を省略することはよくあるので、「委」が「倭」の代字である可能性は大いにあるが、「委奴」を「イト」と読んで、伊都国と解釈する説もある。奴国は福岡平野、伊都国は糸島平野を基盤としていたと推測され、志賀島は両勢力圏が接するあたり、双方を望む博多湾の入り口に位置しているから、話はまたややこしくなる。

しかし、現在のところ、「漢委奴国王」の金印は後漢の光武帝から奴国の王に下賜されたものに間違いないとの見解が主流を占めている。

さらに言うなら、日本考古学が専門で、考古学の観点から国家形成史を研究している寺沢薫氏は、金印が下賜された頃には奴国と伊都国が同等の外交実績と経済基盤を持ち、金印はこの両雄が手を結んだ証として志賀島に埋納されたのではないかとの仮説を提示している。

寺沢氏はそれに加え、倭国王の帥升を伊都国の王とし、107年の時点には広形銅矛を祭器とする点で共通する対馬と北部九州全域、四国西南部を含めた範囲が倭国の範囲内であったとする仮説も提示している（『王権誕生　日本の歴史2』講談社学術文庫）。後漢王朝から下賜されたお墨付きが絶大な効果を発揮したということか。

原の辻遺跡、吉野ヶ里遺跡から見えてくる弥生時代末期の社会

●著しく強化された防衛力

弥生時代の遺跡のなかでもっとも知名度の高いのは佐賀県の吉野ヶ里遺跡であろう。弥生時代の前期・中期・後期それぞれの集落跡が発見されていることで、社会の変遷を知る上でも貴重な文化遺産である。

吉野ヶ里遺跡の弥生時代前期の集落跡からはそれが周囲を濠で囲まれた環濠集落であったことを示す明らかな痕跡に加え、有明産の様々な貝殻、イヌ、シカ、イノシシなどの獣骨、青銅器の製造に不可欠な鞴《ふいご》の羽口や取り瓶などが出土しており、縄文時代とは一線を画す集落形態と青銅器時代の到来が確認された。環濠の造成にはかなりの労力が必要とされることから、防衛上の必要が生じたと受け取るべきだろう。

弥生時代中期の集落跡からは、集落の規模の拡大に加え、居住域と倉庫域の区分けがなされていたことがわかった。出土品のなかで特に注目されるのは船形木製品で、外洋航行

吉野ヶ里遺跡に復元された住居と物見櫓

船を模したと思われることから、壱岐・対馬や朝鮮半島との往来が盛んであったことをうかがわせる。
　弥生時代後期になると集落の規模はさらに広がり、40ヘクタールを超えるまでになった。環濠、城柵、物見櫓などで守られた集落の中で、北側には大型の祭殿を備えた首長の住居や祭祀の場と思われる空間、南側には高い階層の人びとの居住区、西側には倉や市場の跡と目される高床式倉庫群が設けられるなど、都市と呼ぶに限りなく近い状態にまで発展していた。最盛期の人口は外環部をも含めれば5400人ほどと推測され、平均寿命は40歳未満。出土した甕棺の4割が子供用であることから、依然として幼児死亡率の高かったことがうかがえる。

現在、吉野ヶ里歴史公園として復元されている建物は後期の後半のものを模しているが、大雑把に言って、中期はその半分、前期はそのまた半分ほどの規模と考えてよい。なおかつ時代がさかのぼるほど、建物の種類は少なく、中期までは物見櫓がなかった。時代が進むにともない、軍事的な役割と経済的な役割に重きが置かれるようになったのだった。

●鉄器の製造を物語る遺跡

前項で一支国の名を出したが、これは壱岐の島をさすというのが定説である。現在、原《はる》の辻遺跡と呼ばれているところが都の跡と考えられ、広さは東西、南北ともに約1キロ四方。これまでの発掘調査で東アジア最古の船着き場跡が見つかったことに加え、出土品ではノルウェー出身の画家ムンクの代表作『叫び』によく似た人面石や棹秤に用いる権という錘《おもり》、中国製の貨幣や鏃、日本各地の土器、ココヤシで作った笛、金銅製亀形装金具、占いに使用された亀卜・卜甲などが特筆される。九州北部と朝鮮半島を往来する船が必ず立ち寄る場所だっただけに、出土品も多様性に富んでいる。

先述した『三国志』の「東夷伝」、俗に言う「魏志倭人伝」には、「差田地有りて、田を耕せども、猶お食うに足らず。亦た南北に市糴《してき》す（よい畑はなく、海産物を食べて生活している。船を使って南北に行き、米などを買ったりしている）」とあり、自給自足はできず、交易に依存していたことがうかがえる。

原の辻遺跡に復元されている建物は弥生時代のいつ頃のものとも言明されていないが、淡路島の五斗長垣内《ごっさかいと》遺跡は弥生時代後期のものと特定されている。ここで注目すべきは23棟見つかった竪穴建物跡のうち、12棟が鉄器造りを行なう鍛冶工房で、すでに100点以上の鉄製品が発見されていることである。

日本における鉄器製造の始まりについては不明解な点が多々あるが、本格的に普及するのは弥生時代中期後半以降で、五斗長垣内遺跡はそのことを物語る貴重な証左と言える。

五斗長垣内遺跡と少し時期は重なるが、鳥取県大山町の妻木晩田《むきばんだ》遺跡も一見の価値あるところである。この遺跡は弥生時代中期末から古墳時代前期にかけてのもので、竪穴住居跡に加え、濠の跡や古代出雲特有の四隅突出《よすみとっしゅつ》型《がた》墳丘墓が発見されていることから、首長《しゅちょう》墓《ぼ》と集落の変遷を容易に見て取ることができる。

統一君主になった卑弥呼の素顔

●「魏志倭人伝」が伝える卑弥呼はシャーマンに近い

日本が弥生時代から古墳時代に移行するのは3世紀のこと。当時の日本を語る上で絶対に欠かせないのが邪馬台国と女王卑弥呼の存在である。先述した「魏志倭人伝」には卑弥呼について次のように記されている。

「鬼道に事え、能く衆を惑わす。年、已に長大なれども、なおも夫婿無し。男弟有りて国を佐け治む（神霊に通じた巫女で、神託により国を治め、人々を心服させた。年をとっても夫を持たず、弟がいてまつりごとを補佐した）」。

また同書では日本の風俗について以下のように記す。

「其の俗、事を挙げもしくは行来に、云為《うんい》する所有らば、輒《すなわ》ち骨を灼きて卜し、以って吉凶を占う。先ず卜う所を告げ、其の辞《ことば》は令亀法の如し。火坼《かたく》を視て兆を占う（土地の習慣として、年中行事とか、遠くへ旅立つなど何か事があるたびに、骨を灼く卜いをして、吉凶を占う。まず、占おうとすることをいう。そして卜いの言葉は、中国の亀卜の言葉に似ている。灼いてできた割れ目を見てよしあしを占うのである)」(藤堂明保・竹田晃・影山輝國全訳注『倭国伝』講談社学術文庫)。

以上を総合して見れば、卑弥呼が巫女というよりシャーマンに近かったことと、日本にも甲骨占いがしっかり根付いていたことがわかる。亀甲や鹿の肩甲骨を使った占いは中国の殷王朝で始まり、朝鮮半島でも確認されていることから、渡来系弥生人により持ち込まれた可能性が高い。古墳時代以降、甲骨占いは廃れていくが、占い自体は命脈を保ち、平安時代になっても陰陽師という官僚占い師が存在した。その後は公職としては形骸化するが、民間では商売としての占い師が存在し続け、今日に至っている。

●鬼道と巫女であることを兼ね備えた女王

話を戻そう。卑弥呼が得意とした鬼道は甲骨を介さず、神と直接やり取りできたように見受けられるが、これは記紀神話における神功皇后や『日本書紀』におけるヤマトトトモモソヒメを彷彿させる。ただし、いつの世にもそのような女性がいたわけではなく、身分の高い女性がシャーマンとして国政のトップか一翼を担うというのは、特異な例であったと考えられる。

そもそも卑弥呼が女王に担がれたのは、70～80年も戦争が続いたことに起因する。どの国も譲らず、誰が統一君主になっても争いはやまない。そこで唯一の女性であった卑弥呼に白羽の矢が立てられた。シャーマンである彼女はその神秘性に加え、生涯結婚を許されない立場であるから、権力世襲の心配もない。だからこそ諸国の王は安心して、彼女を統一君主として仰ぐことで和解に踏み切れたのだろう。もちろん、卑弥呼の占いがよくあたることへの畏怖もあっただろうが。

日本神話では、人間の女性に恋した神がヘビや矢に姿を変えて女陰を突く話がよく出てくるが、その女性たちはみな巫女であったと考えられる。神に仕える身とは神との性交相手の予備軍であるから、人間の男性との性交渉は禁物であった。卑弥呼もそんな女性の一人であったが、おそらく高貴な家に生まれたのだろう。単に神の言葉の仲介をするだけでなく、様々な呪術を習得し、自国はもちろん、他の国々からも一目置かれるようになった。そうでなければ、統一君主として擁立されるはずもない。ある日突然、今日から無名の巫女を崇めるよう布告されたからといって賛同が得られるはずはなく、卑弥呼の鬼道に誰もが畏怖の念を覚えていたからこそ、統一君主の座が巡ってきたのだろう。

日本人の特徴を色濃く受け継いでいた「弥生人」の真相

●米中心の食生活にはまだ至らなかった

弥生時代は日本史上の一大画期だった。弥生時代後期から近代に至るまで、日本人の顔立ちや骨格にほとんど変化がない。つまり、食生活の欧米化が進む以前の日本人の身体的特徴は弥生時代にほぼ定まったのだった。

弥生人は狩猟採集生活を主とした縄文人とは異なり、明確な主食を持つようになった。穀物がそれだが、水稲栽培が普及したとはいえ、にわかに米食が確立したわけではなかった。近年の研究によれば、弥生時代の稲作は従来考えられていたほど高度なものではなく、反《たん》あたりの収穫量は現在の5分の1以下であることがわかった。これでは絶対量が足らず、広い水田を持つ大家族でも一日当たり食べることのできる米は1合に満たず、小さな水田しか持たない一家4人の核家族では一日当たり0・3合未満という試算も出ている。弥生時代の末頃にはかなり改善が見られるものの、いまだ米さえあればという生活にはほど遠かった。

ここで改めて「魏志倭人伝」を見ると、「倭の地は温暖にして、冬も夏も生菜を食らう（倭の土地は気候温暖で、冬も夏も生野菜を食べている）」「時に当たりては肉を食わず（葬式の期間中は肉食をせず）」「薑《きょう》・橘《きつ》・椒《しょう》・蘘荷《じょうか》有れども、以って滋味と為すことを知らず（生薑・橘・山椒・茗荷があるが、それらの料理法は知らない）」といった記述はありながら、一支国《いきこく》のところにはあった米への言及のないことが気にかかる。

中国大陸から来日した使節の食卓に米が出されなかったことは考えられる。出そうにも、貯えが底を尽き、出せなかった可能性がある。旬の素材でもてなすのが良いとの判断が働いたのかもしれない。

そもそも絶対量が不足しているのだから、一般庶民が米をたらふく食べることができたのは、ハレの日に限られたはず。保存方法が十分でなければ、身分に関係なく、まったく口にできない季節もあったはずである。

それでは、弥生人は足りない分を何で補っていたのか。弥生時代の遺跡から出土した穀物の残滓《ざんし》を調べた結果、米が3分の2を占めるものの、残り3分の1はムギ、ヒエ、アワなどの雑穀により占められていることがわかった。これにアズキ、ダイズ、リョクトウなどの豆類を加えると、穀物と豆類の比率が半々であることも。

さらに驚くべきは、植物性の食料を全体で見たとき、米の占める量は第2位で、1位はドングリなこと。これにくるみ、クリ、トチなどを含めた堅果類全体で見るなら、その総量は米をしのいでいる。

以上を総合すると、弥生人は結果として米に全面依存することなく、植物性の多様な食べ物を口にしていたと考えられる。

●われわれが見直すべきは弥生時代の食生活

時代が下り、灌漑設備の整備や農業技術全体の向上が進むと、米の生産量は飛躍的に増加したが、それでも日本中の誰もが一日三食米をたらふく食べられるようになったのはつい最近、ひょっとしたら高度経済成長期であったかもしれない。

米経済を柱とした江戸時代でも、白米を常食できたのは江戸市中に暮らす者だけで、それ以外は雑穀を混ぜて嵩を増すか、雑穀のみで済ますしかなかったのだから。

戦後生まれの日本人の多くはこのあたりの事情を勘違いしている。近代までの日本人の食生活は肉食が激減したことを除いては弥生人のそれと大差なく、古墳時代に多数の渡来人が移住してきても、大勢に影響を与えるほどの変化は生じなかった。

明治以降、肉食の復活とパン食の普及が進んだことで、平均身長と脚の長さが伸びただけでなく、顔立ちにも変化が生じ、先の大戦後、それがさらに顕著となったが、これは縄文時代から弥生時代への移ろい以来の革命的な出来事かもしれない。わずか数世代で変化したことを見れば、日本史上最大の変化とも言える。

しかし、健康志向の強まる昨今、日本人は縄文人や弥生人の食生活を見直すようになった。平均寿命こそ短いが、それと健康寿命がイコールであることは、現代人からすれば羨ましい限りだからだ。どちらかと言えば、穀物を主食とすることに慣れたわれわれが見習うべきは弥生人の食生活だろう。縄文人より弥生人の特徴を色濃く継承するわれわれであれば、弥生人の食生活に立ち返ることは、さして困難ではないだろう。

主な参考文献

『サピエンス全史』上・下　ユヴァル・ノア・ハラリ著　柴田裕之訳　河出書房新社
『アフリカで誕生した人類が日本人になるまで』溝口優司著　ＳＢ新書
『絶滅の人類史　なぜ「私たち」は生き延びたのか』更科功著　ＮＨＫ出版新書
『私たちはどこから来たのか　人類７００万年史』馬場悠男著　ＮＨＫ出版
『我々はなぜ我々だけなのか　アジアから消えた多様な「人類」たち』川端裕人著・海部陽介監修　講談社ブルーバックス
『縄文の生活誌　日本の歴史01』岡村道雄著　講談社学術文庫
『王権誕生　日本の歴史02』寺沢薫著　講談社学術文庫
『農耕社会の成立　シリーズ日本古代史１』石川日出志著　岩波新書
『旧聖域時代の社会と文化』白石浩之著　山川出版社
『縄文の豊かさと限界』今村啓爾著　山川出版社
『弥生の村』武末純一著　山川出版社

青春新書
PLAYBOOKS

人生を自由自在に活動《プレイ》する

人生の活動源として

いま要求される新しい気運は、最も現実的な生々しい時代に吐息する大衆の活力と活動源である。

文明はすべてを合理化し、自主的精神はますます衰退に瀕し、自由は奪われようとしている今日、プレイブックスに課せられた役割と必要は広く新鮮な願いとなろう。

いわゆる知識人にもとめる書物は数多く窺うまでもない。

本刊行は、在来の観念類型を打破し、謂わば現代生活の機能に即する潤滑油として、逞しい生命を吹込もうとするものである。

われわれの現状は、埃りと騒音に紛れ、雑踏に苛まれ、あくせく追われる仕事に、日々の不安は健全な精神生活を妨げる圧迫感となり、まさに現実はストレス症状を呈している。

プレイブックスは、それらすべてのうっ積を吹きとばし、自由闊達な活動力を培養し、勇気と自信を生みだす最も楽しいシリーズたらんことを、われわれは鋭意貫かんとするものである。

―創始者のことば―　小澤和一

著者紹介
島崎　晋
1963年東京生まれ。立教大学文学部史学科卒業。旅行代理店勤務、歴史雑誌の編集を経て、現在、世界史を中心に歴史作家として幅広く活躍中。
主な著書に『いっきにわかる！　世界史のミカタ』（辰巳出版）、『ざんねんな日本史』（小学館新書）、『歴史を変えた名将の「戦略」』（小社刊）などがある。

ホモ・サピエンスが日本人《にほんじん》になるまでの
5つの選択《せんたく》

青春新書 PLAYBOOKS

2019年2月10日　第1刷

著者　島《しま》崎《ざき》　晋《すすむ》

発行者　小澤源太郎

責任編集　株式会社プライム涌光
電話　編集部　03(3203)2850

発行所　東京都新宿区若松町12番1号 〒162-0056　株式会社青春出版社
電話　営業部　03(3207)1916　振替番号　00190-7-98602

印刷・図書印刷　製本・フォーネット社

ISBN978-4-413-21129-1